NF文庫
ノンフィクション

初戦圧倒

勝利と敗北は戦闘前に決定している

木元寛明

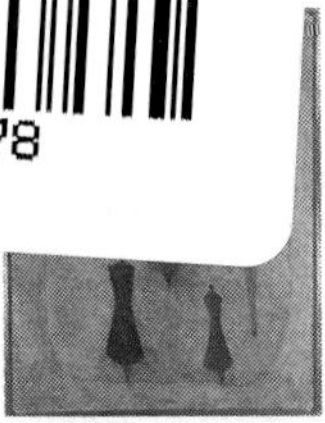

潮書房光人新社

はじめに

今、平和という戦争状態の中で、私たちはしたたかに生き抜くことができるか?

軍事用語の「初戦」は、今日のわが国ではなじみのない言葉であろう。「初戦」の定義は文字通りのファースト・バトル、わが国に当てはめると、ポスト太平洋戦争の最初の戦いのことだ。わが国は、4分の3世紀以上平和を享受し、戦争は対岸の火事に過ぎず、国民のほとんどが「初戦」を実感する環境とは無縁だった。

国家最大の使命は次の戦争に備えることだ。とはいえ、現実の歴史はその失敗例に満ちている。わが国には正統な軍隊(自衛隊は軍隊ではない)もなく、ましてや次の戦争に備えた国家体制の整備はザル法状態というのが現状だ。そのようなわが国が、好むと好まざるとにかかわらず、今、「初戦」という現実に直面している。

本書のねらいは、「初戦」を他人事ではなく自分事として考えようということ。わが国の軍事面での不備はあまりにも深刻で、処方箋など出しようもないが、なにはさておき、「初戦」があり得るという認識から始めなければならない。

昭和20（1945）年8月15日の敗戦から78年余の歳月が流れた。この間、わが国は平和を謳歌し、経済的発展を遂げ、外見的には豊かな国になった。このことは僥倖《ぎょうこう》以外の何物でもなく、自ら努力して築いた平和の果実でもない。第2次大戦後の東西冷戦という国際情勢の中で偶然転がり込んできた、いわば〝漁夫の利〟だ。

平和国家日本は、過剰ともいえる平和志向を背景に、国家存立の基盤である「自分の国は自分で守る」という自主独立の気概を失い、自国の防衛を国際社会と他国に委ねるという他力本願国家になった。21世紀も24年を経過した今日、国際情勢は激変し、わが国は、今、「戦争」という平和の代償を突き付けられている。

20世紀末期に東西冷戦が終結、ソ連邦が瓦解、わが国にとっての北の脅威が一時的に緩み、世界的な軍縮が強く期待された。現実はそうはならず、逆に低烈度紛争が頻発し、国際情勢は一層不安定になった。わが国周辺では、中国の台頭が新たな懸念材料となった。

尖閣諸島の国有化（2012年）以降、中国の海洋進出が顕著となり、第1列島線

（南西諸島、台湾、フィリピンを結ぶ線）を形成するわが国の地政学的条件から、東シナ海と南西諸島の戦略的価値がにわかにクローズアップされるようになった。
台湾を含む南西諸島は、地政学でいうリムランド（大陸の周辺部）に相当し、必然的に大陸国家（ランド・パワー）と海洋国家（シー・パワー）が覇権を争う場となる。中国が海洋にまで勢力圏を広げるのか、日・米のシー・パワーがこれを阻止するのか、いずれも絶対に譲れない戦略的要域だ。そして力の均衡が崩れると武力衝突になる公算が大だ。

わが国にとって防衛の空白地帯だった南西諸島の防衛が急務となり、政府は2016年から陸上自衛隊を与那国島、宮古島、奄美大島へ逐次配備し、2023年3月の石垣島を最後として最低限の防衛拠点の構築が完了した。

中国では、習近平主席の3期目の続投により、台湾の武力統一の蓋然性が一層強まった。中国軍の軍備増強と近代化は顕著で、中国の海洋進出と台湾統一は不離一体であり、東シナ海と南西諸島がわが国防衛の〝ホット・ゾーン〟となった。

わが国が主導的に戦争を起こすことはないが、受動的な戦争は相手国指導者の意志次第だ。今日なお継続しているウクライナ戦争がこの好例だ。21世紀といえども、独裁的指導者の胸三寸で、他国領土への軍事侵攻があり得るのだ。

台湾有事が起きた場合、最低限でも尖閣諸島と与那国島を巡って、自衛隊と中国軍が軍事衝突する可能性がある。もしそうなれば、わが国にとっても、自衛隊にとっても、太平洋戦争敗戦以来の「初戦」となろう。

最初の戦いの「勝利と敗北」は実際の戦闘が起きるはるか以前に決着している。この事実は、有史以来の戦争の歴史がこれを証明している。単純に言えば、「備えなき国家は敗北し、備えある国家が勝利する」ということに尽きる。

たとえ初戦で敗れても、アメリカ合衆国のような強大な国力と底力がある国は、自力で敗北を克服して、次の勝利に向かって捲土重来《けんどちょうらい》を期すことが可能だ。とはいえ、この間にこうむる犠牲は膨大なものとならざるを得ない。

ウクライナという国家は軍事大国ではない。とはいえ、「自分の国を自ら守る」潜在能力があり、国際社会特に欧米からの軍事支援と共感を得て、ロシアの軍事侵攻に屈することなく、長期間（およそ2年間）国土防衛戦にまい進している。

「初戦」の実態は千差万別で定型化され決まりきったパターンはないが、米国陸軍の失敗と成功の例を参考に、4分の3世紀近く戦争という極限状態とは無縁だった日本国と自衛隊にとって、「初戦」とは一体何か？　どのようなことが起きるのか？　「初戦」への備えは可能か？　以下5つの章で考えてみたい。

【第1章「初戦」をどう迎えるか——ウクライナ戦争を鏡として】のねらいは、現在も進行中のウクライナ戦争を〝他山の石〟として、「専守防衛」の実態を考えてみようということ。わが国が近未来に迎える可能性がある「初戦」は、「専守防衛」という限定戦争で、ウクライナ戦争から学ぶことは多い。

本章では、ウクライナ戦争の勃発から現在（2023年12月頃）に至るまでの経過を、戦争の3つのレベル（戦略レベル、作戦レベル、戦術レベル）で概観し、わが国の国土防衛戦（抑止戦略）を5つの視点（①実効性ある抑止力、②国家としての継戦能力、③戦時内閣による戦争指導、④陸上戦力の本質的役割、⑤勝利と敗北の判定）から考察する。

戦争自体は悲劇だが、専守防衛で戦場を国内に限定することの悲惨さ（瓦礫の山と化した市街地・居住区域・公共施設、多数の住民犠牲者の発生、ロシア軍による戦争犯罪など）は、ウクライナ戦争の現状が生々しく伝えてくれる。ウクライナ軍は、ロシア軍の侵攻以来1年4か月後の2023年6月初旬、占領されている領土の奪還を目指して反転攻勢に転じている。

国家至上の責務は領土、領海、領空の保全だ。侵された国土はいかなる犠牲を払っても回復しなければならない。これが国家の矜持だ。ウクライナ政府が、多大な犠牲の痛みに耐えて、占領された国土の解放にまい進するのは、政府として当然の義務であり、疑問の余地はない。わが国が「初戦」に遭遇したとき、はたして如何？

末尾で、自衛隊の行動を束縛している国内法と法制の抜本的改正を提言した。

【第2章「初戦」に敗れた3つの戦例――米国の過酷な道のり】は、第2次大戦、朝鮮戦争、ベトナム戦争における米陸軍の初戦を取り上げる。

米陸軍は、第2次大戦の勃発に際して、大慌てで機甲師団という器を新設したが、中身は空っぽで機甲戦理論が盛られていなかった。新生機甲師団は、北アフリカのチュニジア戦線（カセリーヌ峠の戦い）で、歴戦のドイツ軍に惨敗を喫した。

第2次大戦後、日本に駐留していた米第24歩兵師団は、占領軍の甘美な生活に溺れ、コロニアル・アーミー（植民地軍）の弱兵と化していた。朝鮮戦争の勃発により、「押っ取り刀」で朝鮮半島に出動して、北朝鮮軍に一蹴された。

ベトナム戦争で、世界最新鋭の第1騎兵師団（空中機動）は、ベトナム中央高原のイア・ドラン渓谷で、ゲリラ戦を得意とする北ベトナム正規軍3個歩兵連隊と初戦を戦った。「火力と機動力を勝ち目とする空中機動作戦」と「白兵によるゲリラ戦」は噛み合わず、米軍は費用対効果の面で釣合わないほどの犠牲を出した。

【第3章「初戦」の勝利を目指して——軍の再生と再建】では、ベトナム戦争で不名誉な敗北を喫し、崩壊状態だった米陸軍の「再生と再建」がメインテーマだ。本章は、最低状態の組織を蘇らせ、勝利できる組織へと変貌させるヒントに満ちている。

対象期間は、ベトナム戦争の完全撤退（1973年3月）からパナマ侵攻作戦（1989年12）までの16年間だ。この間の国際情勢は、ソ連邦の地球規模での進出（革命の輸出）、東西冷戦最盛期、冷戦終結、ソ連邦崩壊へと激動する。

ベトナム戦争からの撤退後、徴兵制陸軍から志願兵制陸軍へと移行した米陸軍は、惨状を触媒《しょくばい》として自ら改革に着手、「機械よりむしろ理念と人へ」というコンセプトを掲げて、能力の高い若者が進んで志願する陸軍の再生に取り組んだ。

また「初戦で勝利する陸軍」を掲げて、訓練教義コマンドを創設し、エアランドバトル・ドクトリンを定め、ナショナル・トレーニング・センターで空前絶後の実戦的な訓練を創意し、当時最強だったソ連軍に勝てる陸軍の再建にまい進した。

【第4章　政軍関係の精華——湾岸戦争】は、イラク軍のクウェート侵攻（1990年7月）から「砂漠の嵐作戦」の100時間地上戦での勝利（1991年2月）までを対象とする。

米陸軍の「再生と再建」のプロセスは、パナマ侵攻作戦（ジャスト・コーズ）で完成の域に達した。すなわち、最大の懸案事項だったソ連軍を中部欧州の平原で撃破できる、最強の近代軍が完成したということだ。

冷戦時のメインテーマだった対ソ戦は、米軍の血を流さない勝利で終わった。このような時期に湾岸戦争が勃発し、世界最強の米近代陸軍が、ソ連製装備と戦法のイラク軍と大規模な地上戦を演じ、損害ゼロに近い圧倒的な勝利を収めた。

戦域となったアラビア半島は、米軍にとってはまさに想定外の地域で、海外に部隊を緊急展開するための根拠地（部隊を受け入れ、部隊の戦闘力発揮を維持するための施設など）すらなかった。このような突発した緊急事態への対応力は、米国式マネジメント（柔軟性、果断、人材登用など）の好例であり、同時に、文民統制と軍事行動――政軍関係の精華だった。

【第5章　勝つべくして勝った「初戦」】は、「初戦で勝利する陸軍」を目指し、湾岸戦争という実戦の場で、「初戦の勝利＝戦争の勝利」を具体的に成し遂げた要因を11項目で概説する。

①志願兵制陸軍。②平時の備え。③次の戦争への準備。④質の高い兵士。⑤兵器テクノロジーの優越。⑥空地一体の統合陸上戦闘。⑦情報活動の優越。⑧形而上下《けいじじょうか》の敏捷性。⑨アド・ホック兵站。⑩総合戦力構想。⑪民間産業の対応。

湾岸戦争は勝つべくして勝った戦争だ。勝利の決定打となった「砂漠の嵐作戦」は、38日間の徹底した航空作戦の成果を最大限生かして、最高度に練成された近代軍が、最小の犠牲（戦死140）で速やかに（100時間）勝利できることを疑問の余地なく示した。平時における次の戦争への備えこそが、「初戦で勝つための唯一無二の選択肢」なのだ。

第2次大戦と朝鮮戦争は、米国が事前に周到な準備を行なって参加した戦争ではない。ベトナム戦争は、大義名分のないままに不用意に参加した戦争だ。湾岸戦争は、「初戦の勝利＝戦争の勝利」を目指す近代軍が完成した時期に参戦して圧倒的な勝利を収めた。

わが国が迎える可能性のある「初戦」は、能動的に起こす戦争ではなく、受動的に参戦するケースだ。不期遭遇戦的「初戦」は最悪の結果を招くが、予期遭遇戦で事前に相応の準備を行なえば、「後の先」で主導的に戦うことは可能だ。

わが国は「平和ボケ、安保ただ乗り」とヤユされて久しいが、予想外のウクライナ戦争の勃発は、わが国に強烈なインパクトを与えた。政府は、あたふたと防衛費の増額を決め、敵基地攻撃能力として「トマホーク・ミサイル」400発購入を決定した。

このこと自体は評価するが、あくまで眼前の火消しに過ぎない。

憲法はじめとする防衛法制体系を抜本的に整備しない限り、真の意味の防衛態勢は構築できない。眼前の火消しは重要だが、中長期的な視野で根本的問題の解決に取り組まなければ、わが国が抱える本質的な脆弱性《ぜいじゃくせい》は永遠に解消しない。安全保障や防衛問題に通暁した政治家が存在しなければ、文民統制をいかに標榜《ひょうぼう》しても、それは絵に描いた餅だ。

わが国でも必要な防衛体制を整えるべきと主張する声はあった。だが、歴代政権特に自民党は、左派の野党勢力との協同/談合を優先し、また近隣諸国（ロシア、中国、北朝鮮、韓国など）を刺激することを過度に恐れて、このような声に耳を傾けようとはしなかった。

2015年に成立した平和安全法制は日米同盟を強固にし、2022年に成立した戦略3文書（「国家安全保障戦略」、「国家防衛戦略」、「防衛力整備計画」）は大きな前進だ。とはいえ、これで問題が解消したわけではない。憲法や国内法の改正という本丸が残っている。

国土戦の悲惨さに思いを致すと、有事を起こさせないことが最大の眼目。何はさておき、裏付けとなる抑止力の早急な整備が喫緊の課題だ。同時に抑止が破綻した場合の備えも当然だ。

残された時間は多くない。しかも相手は待ってくれない。「初戦」の形態は一様ではなく、次の戦争への備えを欠いた国家（軍隊）は必ず敗北する、という歴史に裏付けられた厳然たる事実がある。

困難に耐えて国土防衛戦を遂行しているウクライナ国民に深甚な敬意を表するとともに、国民各位に「自分の国は自分が守る」という気概を持ってほしいと切に願う。本書がその小さな一石となれば、筆者としてはこれ以上の喜びはない。

初戦圧倒——目次

はじめに　3

第1章　「初戦」をどう迎えるか　19
——ウクライナ戦争を鏡として

第2章　「初戦」に敗れた3つの戦例　103
——米国の過酷な道のり

第3章　「初戦」の勝利を目指して　173
——軍の再生と再建

第4章　政軍関係の精華　225
——湾岸戦争

第5章　「初戦」の勝利が戦争の勝利　257

初戦圧倒

勝利と敗北は戦闘前に決定している

第1章　「初戦」をどう迎えるか――ウクライナ戦争を鏡として

●戦争のレベル

２０２２年2月24日、ロシア地上軍およそ19万人の部隊が、ウクライナの北部、東部、南部の3方向から同時に軍事侵攻を開始した。21世紀の今日でも、このような古典的な侵略戦争が起きるのか、と驚かざるを得ない。

ロシア軍の地上侵攻は、ウクライナ北部／北東部国境から首都キーウへ、東部国境からハルキウへ、またクリミア半島からヘルソン、ザポリッジャ、アゾフ海沿岸へ向けて、複数正面において同時に行なわれたのだ。

プーチン大統領は軍事侵攻を「特別軍事作戦」と称し、戦争ではないと言っている。かつて日本も、宣戦布告を行なわない戦争を「事変」と称した。言い分はさておき、独立国家への武力侵攻は侵略戦争であり、弁明の余地はない。

8月下旬頃、主戦場は東部と南部に移ったが、2年近く経過後も戦闘は依然として続き、戦争が終結する気配はない。この間、ウクライナの都市などは廃墟と化し、多数の住民が犠牲となり、現代戦争の破壊力と残虐性を見せつけている。

2023年8月18日、ニューヨーク・タイムズがロシア軍・ウクライナ軍双方の死**傷者数は約50万人**に達すると報じた。すなわちロシア軍約30万人（死者12万人、負傷者18万人）、ウクライナ軍約19万人（死者7万人、負傷者12万人）という膨大な数だ。これらに加えて多数の一般市民が犠牲になっている。

ウクライナ戦争を巡る政治/軍事の情報資料は、各種マスメディアやインターネットを通じて、連日のように私たちの目や耳に入ってくる。にもかかわらず、私たちがその全体像や実体を把握することは容易でない。

断片的な情報資料をジグソーパズルのようにいくら並べても戦争の実像は見えてこない。視点を変えて、これら情報資料の上に戦争の歴史から紡《つむ》がれた軍事理論の原理・原則を重ねると、ウクライナ戦争の構造的な本質が透視できるのではないか、と考えた次第。

そこで、米陸軍野外教令『オペレーションズ』（FM3-0『OPERATIOS 2017』２０

17年版）が規定する3段階の〝戦争のレベル〟すなわち「戦略レベル」、「作戦レベル」、「戦術レベル」を重ねると、ウクライナ戦争の全体像の一端が垣間見える。

①**戦略レベル**：国家指導者が、国家諸資源（外交力、情報力、軍事力、経済力）を同時総合的に使用して、地域／国家／多国間の目標を明確にする段階。

②**作戦レベル**：戦術部隊の運用と国家／軍事戦略目標をリンクさせる段階、つまり戦略／戦役／作戦を構想し、計画し、実行する段階。このレベルでは、統合部隊司令官が作戦術（オペレーショナル・アート）を利用して、軍隊（部隊）をどのようにして、いつ、どこで、どのような目的で使用するかを決定する。

③**戦術レベル**：戦術部隊指揮官が、戦術部隊（師団や旅団戦闘チームなど）に付与された軍事目標を達成するために、戦術（タクティクス）のアートとサイエンスを行使して計画し、準備し、実行する段階。

補足すると、**戦役**（**キャンペーン**）は戦略／作戦目標を達成するための全体的な軍事行動の総称で、その部分である**作戦**（**オペレーション**）は一連の戦術行動から成る。湾岸戦争における多国籍軍の全体行動が「戦役」（砂漠の盾作戦、砂漠の嵐作戦、砂漠の送別作戦）、砂漠の嵐作戦が「作戦」（第1段階から第4段階）だ。要約すれば、戦役は複数の作戦（攻勢、防勢、安定など）で構成され、作戦は複数の戦術行動（攻撃、防御、後退行動など）から成るということ。

★戦略レベル――国家が開戦を決意するとき

国家指導者は、あらゆる国家資源を最大限活用して国家目標の達成に努めるが、先ず軍事行動ありきではない。戦争を始めるか否かは国家の生死・興廃にかかわる究極の決断だ。古典『**孫子**』**火攻篇**は「**開戦を決意するための3要件**」を列挙している。

①国家の戦争目的に寄与しない武力行使は行なってはならない。
②軍事的勝利の可能性のない武力行使は行なってはならない。
③他に対応の手段がない危急存亡の時でなければ、武力行使を行なってはならない。

第3章（196ページ）の記述と重複するが、米陸軍は、1973年のベトナムからの完全撤退後、「ベトナム戦争になぜ負けたのか」を徹底して研究し、その成果が

「軍事力使用の条件（ワインバーガー・ドクトリン）」として結実した。

①米国あるいは同盟国の死活的な国益が脅かされていること。
②勝利を確実にするために圧倒的な戦力を使用すること。
③政治目的および軍事目的が明確に規定されていること。
④状況に合わせて戦力構成や作戦計画が変更されること。
⑤世論および議会の支持が保証されていること。
⑥合衆国軍隊の派遣は最後の手段であること。

ワインバーガー・ドクトリンは『孫子』の3要件を敷衍《ふえん》し、国家の開戦を決意するための6条件を客観的かつ具体的に提示している。米国はこのドクトリンに則って湾岸戦争（1990年8月〜91年4月）で米軍部隊をサウジアラビアに派遣した。米軍（多国籍軍）は「砂漠の嵐作戦」の100時間地上戦でイラク軍を圧倒撃破し、クウェート開放という戦争目的を達成した。

2022年2月24日にウクライナに軍事侵攻したプーチン政権の意図は分明ではないが、『孫子』の3要件とワインバーガー・ドクトリンに当てはめると、垣間見えてくるものがある。プーチン大統領は戦勝記念日での演説（2022年5月9日）で、開戦理由のいくつかに触れている。

「去年12月、我々は安全保障条約の締結を提案した。ロシアは西側諸国に対し、誠実な対話を行ない、賢明な妥協策を模索し、互いの国益を考慮するよう促した。しかし、すべては無駄だった。NATO加盟国は、我々の話を聞く耳を持たなかった」

「ドンバス〔ウクライナ東部地域〕では、さらなる懲罰的な作戦の準備が公然と進められ、クリミアを含む我々の歴史的な土地への侵攻が画策されていた。キエフ〔ウクライナ政府〕は核兵器取得の可能性を発表していた」

「NATO加盟国は、わが国に隣接する地域の積極的な軍事開発を始めた。このようにして、我々にとって絶対に受け入れ難い脅威が、計画的に、しかも国境の間近に作り出された」

「アメリカとその取り巻きの息がかかったネオナチ、バンデラ主義者〔反ロシアの民族主義者」との衝突は避けられないと、あらゆることが示唆していた」
「軍事インフラが配備され、何百人もの外国人顧問が動き始め、ＮＡＴＯ加盟国から最新鋭の兵器が定期的に届けられる様子を、我々は目の当たりにしていた」
「危険は日増しに高まっていた。ロシアが行なったのは、侵略に備えた先制的な対応だ。それは必要で、タイミングを得た、唯一の正しい判断だった」

プーチン大統領が脅威と見なすＮＡＴＯ（北大西洋条約機構）の東漸は事実であり、この経緯を見てみよう。ＮＡＴＯとｗＴＯ（ワルシャワ条約機構）の対立は、**ベルリンの壁崩壊**（１９８９年11月９日）と**東西冷戦終結**（同年12月２〜３日の**マルタ会談**）により、実質的に解消した。ＮＡＴＯ側の血を流さない勝利だった。

ソ連邦の崩壊（１９９１年12月）により、ソ連邦構成の多くの共和国が独立し、ウクライナもその１つだった。ｗＴＯは消滅したがＮＡＴＯはそのまま残り、かつてソ連邦の影響下にあった東欧諸国がこぞってＮＡＴＯに加盟し、直接ロシアと国境を接するようになった。

①１９９９年：ポーランド、チェコ、ハンガリー
②２００４年：ブルガリア、エストニア、ラトビア、リトアニア、ルーマニア、スロバキア、スロベニア
③２００９年：アルバニア、クロアチア
④２０１７年：モンテネグロ
⑤２０２０年：北マケドニア
⑥２０２３年：フィンランド、スウェーデン（予定）

プーチン大統領はかねてＮＡＴＯの東漸／拡大をロシアに対する脅威とみなし、ウクライナのゼレンスキー大統領がＮＡＴＯ加盟を示唆したことに〝堪忍袋《かんにんぶくろ》の緒を切らした〟のだ。プーチン大統領は「侵略に備えた先制的な対応で、タイミングを得た、唯一の正しい判断だった」と述べていることが注目される。

ロシアは、国土の周辺から包囲され圧迫を受けているという被害者意識（被包囲のメンタルティー）が強く、伝統的に過剰ともいえる安全意識・防衛意識がある。ウクライナへの侵攻は独裁者プーチンの独断という批判があり、そういった一面は否定で

きないが、ロシア民族の過剰な安全意識が基調にあることも事実だ。

5月9日のプーチン大統領の演説は、必ずしも事実とは言えないが、NATOの東漸に対する危機感は十分に反映されている。だが、その危機感が開戦の目的とストレートにつながるかには疑問の余地はあるが……。

2022年5月18日、フィンランドとスウェーデンが共同でNATO加盟を申請、6月29日のNATO首脳会議で承認され、翌23年4月4日フィンランドが正式に加盟した。1300キロメートルもの国境を接するフィンランドは、20世紀にソ芬戦争（冬戦争）と継続戦争（ナチスドイツに加担）で2度ソ連と戦い、領土の割譲などの辛酸をなめている。

1939年11月30日のソ芬戦争の勃発（28個師団、2500機の航空機、3000両の戦車など50万のソ連軍が宣戦布告なしでフィンランドに侵攻）、1940年8月のソ連邦によるバルト3国（エストニア、ラトビア、リトアニア）の一方的併合は、ソ連邦の過剰ともいえる安全意識の産物である。今日のロシアによるウクライナ侵攻も同一線上の出来事だ。

NATO東漸の先制的阻止がウクライナ侵攻の目的だったとすれば、ウクライナという藪《やぶ》を突いてフィンランドとスゥエーデン（予定）の加盟をまねいたのは、プーチン政権の誤算・失態で、政権が自らの首を絞めたといえる。また、２０２３年７月11日、ＮＡＴＯ諸国はリトアニアにおける首脳会議で、ウクライナの「将来の加盟」を約束した。

スウェーデンは北欧の軍事大国として知られている。スウェーデンがＮＡＴＯに加盟すると、バルト海はＮＡＴＯ海となり、ロシアはバルト海の制海権を失う。また、スウェーデンは主力戦車10両、歩兵戦闘車50両、１５５ミリ自走榴弾砲８門をウクライナに供与している。中立国スゥエーデンをＮＡＴＯ加盟に追いやったツケは大きいと言わざるを得ない。

ロシア・ウクライナ戦争は、英米的な地政学理論の世界観と、大陸的な地政学理論の世界観のせめぎあいの発露としての性格を持っている。正式な国際秩序を支えているのは、より英米的な地政学理論に根差した世界観のほうである。大陸的な地政学理論は、秩序撹乱要素として働いている。（篠田秀朗著『戦争の地政学』講談社現代新書）

英米系地政学はマッキンダーの理論で、地理的条件を重視し、海洋の自由、海洋国家による陸上国家の封じ込めを志向する特徴がある。大陸系地政学はハウスホーファーの理論で、大国の主権を重視し、複数の広域圏の存在を前提にした秩序を志向する特徴がある。(『戦争の地政学』に依拠)

昨今、「地政学」が注目を浴びている。ウクライナ戦争を、2つの地政学（英米系地政学、大陸系地政学）の衝突という視点で眺めると、ロシアの軍事侵攻の意味が見えてくる。NATOの東漸とロシアの安全保障の問題は、究極的には戦争による解決も条件の1つだが、基本的には外交による解決を優先すべき課題であろう。ただし、外交は軍事力の裏付けがなければ正常に機能しない。

国際政治学者E・H・カーの（『**危機の二十年**』）を参考に、ロシアとウクライナのパワーバランスを「軍事力」、「経済力」、「意見を支配する力（国際世論）」の3つのカテゴリーで見てみよう。

①**軍事力**――ロシアとウクライナの枠を超えて、ロシアとNATOの対立となっている。米国が2022年5月6日に決定した「武器貸与法（レンドリース法案）」は戦局に影響を及ぼし、特に欧米主力戦車と戦闘機の供与は戦局転換をもたらす

可能性がある。

②**経済力**――EU（欧州連合）とG7（先進7か国）による経済制裁は、ロシア経済に深刻な打撃を与えること必定で、制裁が長期間に及べばロシア国民がこれに耐えられるかという根本的な問題がある。

③**国際世論**――現代戦は情報戦といわれるようにウクライナ側がうまく利用しているように思われる。情報化時代の今日、国内の情報統制には限界があり、あらゆることがリアルタイムで国際社会にさらされるのが現実だ。

孫子の「開戦を決意するための3要件」、ワインバーガーの「軍事力使用の条件」、E・H・カーの「3つのカテゴリー」に加えて「地政学」も、普遍的なメルクマール（基準）とまでは言えないが、ロシア軍のウクライナ侵攻を分析する参考にはなる。現代マネジメントの父ドラッカーに「**基本と原則に反するものは時を経ず破綻する**」との至言がある。

★作戦レベル――軍事目標の達成

作戦レベルは、統合部隊指揮官が、国家目標／軍事目標と軍事力の戦術的運用とをリンクさせる段階で、軍事目標の達成により、国家目標を達成する。

２０２３年に入り、ウクライナ東部における「バフムト攻防（戦術レベル）」が注目を浴びるようになった。「戦術という物差し」だけでは作戦・戦役の全体像は見えない。より広角的に捉えるためには、「作戦という物差し」が必要だ。

米陸軍野外教令『オペレーションズ』が列挙している「**作戦を構成する要素**」（①**作戦終了の状況と条件**、②**作戦の重心**、③**死命を制する要点**、④**作戦線と努力線**、⑤**作戦のテンポ**、⑥**作戦段階と作戦の転移**、⑦**戦力転換点**、⑧**作戦範囲／攻勢終末点**、⑨**根拠地の設定**、⑩**敢えてリスクをとる**）のいくつかを取り上げ、ウクライナ戦争の実態を「作戦という物差し」から考察してみよう。

●作戦終了の状況と条件

伝統的な「戦いの原則」に掲げられた「目標の原則」は全ての軍事行動の原動力である。作戦を主宰する指揮官は、明確に定義され、疑義のない、かつ達成可能な作戦目標を設定し、この目標にあらゆる行動を指向させる。

ロシアの国家目標は次のように推察される。①ウクライナの現政権を打倒してウクライナに親ロシア傀儡政権を樹立する、②ウクライナのNATO加盟を阻止してロシア本国とNATO圏との間に緩衝地帯を設定する、の2点だ。

国家指導者から任命され、全侵攻部隊を統括する司令官は、国家目標と軍事目標をリンクさせる責務がある。このために、通常、国家目標を達成できる作戦目標を設定し、これを作戦計画として具体化する。ウクライナに侵攻したロシア軍の作戦目標は明らかでないが、「作戦終了の状況と条件」に照らして推測してみよう。

侵攻当初の軍事作戦の目標は次のように推測できる。ウクライナの現政権打倒の態勢を確立する（目的）ために、具体的な軍事目標として、①圧倒的な軍事力の誇示による威嚇、②ウクライナの首都キーウの占領、③ウクライナ軍の抵抗意志の破砕、の3点だ。確定的なことは言えないが、侵攻2年近くを経た時点でも、第2点と第3点が未達成である。

開戦当初、ロシア軍はウクライナの北方、東方、南方の3方向から侵攻したが、3正面の全部隊を統括する総司令官が不在だった。これは「統一の原則」の無視で、ロシア軍は軍事行動の立ち上がり時から「戦いの原則」から外れている。

ロシア軍は5月6日にキーウ周辺（北正面）から撤退を完了、急遽、全部隊を統括する司令官を任命、ドンバス地域（東正面）に重点を移した。ゼレンスキー政権の打倒という政治目的は（一時的にあるいは全面的に）放棄して、ウクライナの国土の一部の占領という現実的な目標に転換したか、あるいはせざるを得なかったか……。

戦争の帰趨は予断を許さないが、ロシア軍がウクライナ東部と南部を占領して軍事的な勝利を収める可能性はある。しかしながら、ロシアが冷戦末期の経済破綻の状況に陥り、1991年のソ連邦崩壊の二の舞を演ずる可能性も同様に否定できない。

ウクライナに侵攻したロシア軍が「作戦終了の状況）」を具体的な作戦目標として設定し、この目標に向けてあらゆる行動を指向させていたようには見えない。一部の報道によれば、プーチン政権は3日ないし1週間程度でキーウを占領して軍事作戦の目標を達成する、という超楽観的なシナリオを描いていたようだ。

そもそも「ウクライナのNATO加盟阻止」という政治目標と軍事侵攻はリンクするか、という根本的な疑問がある。戦争勃発時、筆者の頭に浮かんだのはナポレオンのモスクワ遠征（1812年）の失敗だった。

ナポレオンの政治目標はロシア皇帝に大陸封鎖令を厳守させることだった。ロシア野戦軍の撃滅（軍事目標）でこの目標を達成できると期待し、後にモスクワ占領に軍事目標を変更するが、結果的に軍事目標と政治目標はリンクしなかった。

ロシアは多大の犠牲を払って祖国防衛戦争を戦いぬき、ナポレオン軍を撃退した。

モスクワ遠征の失敗はナポレオン凋落《ちょうらく》の引き金となった。

プーチン大統領は、ゼレンスキー政権の打倒をねらって軍事侵攻したが、ウクライナは大統領の下に一致団結して、侵攻軍に徹底して抵抗している。戦争の帰趨は見えないが、プーチン大統領がナポレオンの轍を踏む可能性は残っている。

●作戦線

作戦線には内線と外線の2つの形態がある。

内線作戦は弱者の戦略で、複数の敵部隊に対して、中央部に部隊を集中して短い作戦線で部隊を迅速に機動させて順次に対応する。内線作戦の典型例は、第3次／第4次中東戦争にけるイスラエル国防軍の戦い方だ。

外線作戦は強者の戦略で、部隊を複数方向から同時に敵部隊に集中して、最終的に敵部隊を包囲殲滅する。日本軍が強行したインパール作戦は、図上では典型的な外線作戦だが、戦力不足で失敗し、逆に英軍から壊滅的な打撃を受けた。

2月24日、ロシア地上軍が3方向からウクライナに軍事侵攻を開始したが、外見的には絵に描いたような外線作戦に見えた。侵攻を受けたウクライナ軍は、必然的に内線作戦とならざるを得ない。内線作戦の原則は、最も危険な正面を優先し、その間、他の正面は最小限の戦力で持ちこたえなければならない。

　ウクライナ軍とロシア軍を比較すると、ウクライナ軍が圧倒的に不利であることは事実だが、ウクライナ軍が（予想以上に）健闘し、一部では優勢に戦いを進めているのが現実だ。ロシア軍の侵攻を想定して事前準備ができていたこと、大統領を核心とする国民の一致団結、欧米各国からの軍事支援（武器、情報などの提供）が功を奏していることは間違いない。

　ウクライナ軍は、先ず、首都キーフに最短距離で迫る北部（ベラルーシ国境から180キロメートル）を最優先して戦力を集中、激しく抵抗、最終的には侵攻軍を撃退して5月6日にロシア軍を完全撤退に追い込んだ。

　侵攻からおよそ2年が経過した時点での戦闘様相は、ウクライナ対ロシアの枠を超えてNATO対ロシアといった形に移行している。NATOの支援が続く限り、ウクライナ軍の内線作戦が破綻することはない。

　2月24日に3方向から軍事侵攻を開始した約19万のロシア軍の態勢は、形の上では第2次大戦時のソ連軍の包囲殲滅戦（モスクワ、レニングラード、スターリングラードの解囲、満州侵攻など）を想起させる典型的な外線作戦だった。

外線作戦の特性として、侵攻当初は各部隊間の相互支援が不可能で、戦況の進捗次第によっては各正面の部隊が各個撃破される恐れがある。外線作戦の本質は、包囲完成後のすみやかな総合戦力の統一発揮にある。

このためには、各正面の進出速度を高めて早期に包囲網を完成しなければならない。現実には、首都キーウに向かった北正面の部隊の苦戦ぶりが際立っていた。事実、この正面の部隊は、5月6日にはキーウ周辺からの完全撤退を強いられ、外線作戦は破綻した。

●作戦段階と作戦の転移

作戦段階は作戦計画策定および作戦実行上の手法で、作戦を「期間」または「行動」で分ける。作戦段階の区分により計画策定と統制の実施が容易になる。段階が変化すること（作戦の転移）は、一般的に、任務、部隊区分（配属関係）、または交戦規定（ROE）が変わることを意味する。作戦の転移には、実行前の周到な計画と準備が不可欠だ。

全般作戦計画を策定する際、期間や行動で作戦段階を区分するが、作戦の各段階には、①向かうべき努力の焦点、②死命を制する要点への時間的／空間的な戦闘力の集中、③計画的／論理的な目標の達成、の3条件を明確にすることが原則だ。

湾岸戦争は約2年間に及ぶ戦役（キャンペーン）で、砂漠の盾作戦、砂漠の嵐作戦、砂漠の送別作戦の3段階で構成。この例を参考にすると、**ウクライナの国土防衛戦争は、防勢作戦、攻勢作戦、国土復興作戦、の3段階で構成される。**２０２３年春季から夏季にかけて、防勢作戦の段階から攻勢作戦への転移を迎えた。

ロシア軍はウクライナへの軍事侵攻を「特別軍事作戦」と称しているように、1週間程度の軍事行動で首都キーフを占領し、親ロシア傀儡政権を擁立できる、と夢想していたフシがある。このように仮定すると、「特別軍事作戦」は通常の軍事作戦とは異なり、キーフ占領後の軍政をにらんだ軍事行動だった可能性がある。

（筆者の妄想かもしれないが）、「特別軍事作戦」は、プーチン大統領の専断恣意《せんだんしい》による、文字通りの特別な軍事作戦——すなわち軍事力を使用する政治行動だった可能性がある。この結果、軍事行動に求められる原理原則や合理的な思考が排除され、いたずらに兵員、資材（武器、弾薬など）の大量損耗を招いている。

●戦力転換点

戦争の各レベルにおいて、戦力転換点が起きる。では、各レベルで戦力転換点に達した場合にはどのようなことが起きるか？

①**戦略レベル**――戦争の継続が困難となり、国家指導者は戦争中止（終戦）の決断を迫られる。太平洋戦争で日本軍がサイパン島を失った時点がその例だ。

②**作戦レベル**――（攻者の場合）攻勢作戦から防勢作戦への転移、（防者の場合）防勢作戦から攻勢作戦への転移、すなわち攻守所を換える戦局の転換が起きる。第4次中東戦争のイスラエル軍がこの好例（スエズ正面、ゴラン高原）だ。

③**戦術レベル**――（攻撃部隊は）防御に転移または攻撃を中止。（防御部隊は）陣地を放棄して離脱するか、または敵に撃破される。

北正面（首都キーウ方向）のロシア軍は**戦術レベルで戦力転換点**に達し、攻撃を中止して全面撤退した（2022年5月）。

クラウゼヴィッツは「国土の内部へ自発的に後退して行なう防御は、防御の利点を最大限に発揮するため非常に強力な防御法である」と述べている（『戦争論』第6編）。彼のいう防御は、「待ち受けと反撃のバランスをとること」で、猛烈な反撃に転じることを「防御の最も光彩を放つとき」としている。いわゆる「攻勢防御」のことだ。戦術行動の防御と防勢作戦の両者を含み、1812年のナポレオンのモスクワ遠征におけるロシア軍の反撃がそのイメージだ。

ウクライナ軍は翌23年2月以降、欧米各国から主力戦車、装甲戦闘車、ハイマース、パトリオット・ミサイル、ストーム・シャドーなどの供与を受けて、反転攻勢の態勢を整えてきた。6月上旬頃、ウクライナ軍が攻勢に転じ、ロシア軍は**作戦レベルで戦力転換点**に達し、防勢を余儀なくされる局面に直面した。

★戦術レベル——21世紀の散兵戦

ウクライナの戦場でどのような戦闘が行なわれているのか、戦闘に関する具体的かつ信頼に足る情報資料はない。とはいえ、マスメディアやインターネットの記事、動画、写真などから戦闘様相の一端が透けて見える。

破壊され、砲塔が吹き飛び、無残な姿を晒しているロシア軍戦車を多く見かける。湾岸戦争から30年余の時間が経っているが、100時間地上戦（砂漠の嵐作戦）で撃破されたソ連製イラク軍戦車を彷彿させる光景が再現されている。

被弾した戦車の砲塔が吹き飛ぶのは、ロシア・ソ連製戦車の構造上の致命的欠陥が原因だ。湾岸戦争では米軍のM－1A1戦車に撃破されたが、ウクライナの市街地や原野では、対戦車ミサイル（ジャベリン、カール・グスタフ）や自爆ドローンなどに撃破されているようだ。

ロシア軍のドクトリンは、トハチェフスキー将軍が確立した「縦深作戦理論」（縦深突破理論）を継承している。本理論は**全縦深同時打撃、包囲殲滅戦、火力重視、装甲機動力の発揮、空地協同など近代的機甲戦**を特色とする。だが、ソ連赤軍後継者のロシア軍は「縦深作戦理論」を遂行できるだけの練度に達していないようだ。

作戦や戦役は、野戦軍同士ががっぷり組んで攻防を繰り広げるイメージだが、反転攻勢以前のウクライナの戦場では様相が異なる。包囲殲滅すべきウクライナ軍の固定的な陣地は存在せず、ロシア軍の攻撃は〝のれんに腕押し〟のように見えた。

では、現実の問題として、ウクライナ軍はどのような防御戦を演じていたのか？ロシア軍によるウクライナへの軍事侵攻の初期、テレビ・ニュースの動画で、ウクライナ軍兵士が「**ロシア軍は第2次大戦の戦術で戦っている。我々は21世紀の戦術で戦っている**」と示唆に富んだ発言をしていた。

兵士の発言は、ロシア軍が20世紀型旧式戦術に固執していることをヤユするもので、「我々は21世紀の戦術で戦っている」という表現には、21世紀の戦争といわれる「知能化戦争」の先駆けを示唆する内容が、含まれている。

知能化戦争では、ＡＩ（人工知能）を搭載した無人兵器が広範囲に使用される。ウクライナ兵がドローン（無人機）を使用して敵情を偵察し、敵戦車などを撃破している状況は、まさに21世紀型戦術の先取りといっても過言ではない。地上型ドローンの使用だけではなく、水上型ドローンや水中型ドローンの使用も見られる。

30年前の湾岸戦争当時、米軍の攻撃ヘリコプターＡＨ－64（アパッチ）は最強のタンクキラーだった。だが、ウクライナの戦場では攻撃ヘリコプターが活躍する場面はほとんどなく、無人機（ドローン）やジャベリンがとって代わっている。

ウクライナ軍は、防勢作戦間、固定的な陣地防御ではなく、対戦車ミサイルや対空ミサイルを携帯する散兵が広域に分散し、神出鬼没して、ロシア軍の戦車、歩兵戦闘車、航空機などを撃破した。個人的な見解だが、ウクライナ軍の戦いぶりは、かつてナポレオンが採用した「散兵（スカーミッシャー）」を想起させる。

散兵のモデルは独立戦争（１７７５年～８３年）を戦ったアメリカのミニットマン（民兵）だ。彼らは、横隊の密集隊形で戦うことを基本とするイギリス正規軍に対して、各個にどこからでも射撃して、卑劣な戦い（散兵の本質）を行なった。

マスケット銃（有効射程約２００メートル）で自由奔放に射撃する散兵は、ナポレオン戦術の特色である縦隊突撃をお膳立てする軽歩兵の奇襲的運用だ。ウクライナ軍は、対戦車ミサイルや対空ミサイルを携帯する歩兵が、あたかもナポレオン軍の散兵のごとく、「縦深作戦理論」という定型的な戦い方に固執するロシア軍をひっかきまわしているのだ。

米陸軍供与の対戦車ミサイル・ジャベリンは、最大射程2000メートル、個人携帯の「撃ちっ放し方式」で、トップ・アタックの能力がある。ジャベリンは発射後160メートルまで上昇し、その後戦車の砲塔上部——正面・側面に比して装甲が薄い——を目標として突入する。

ジャベリンもドローンも攻撃目標に接近する必要がある。この点では、ウクライナ軍は住民の協力（位置情報の提供など）という国内戦の利を最大限活用できる。ウクライナは、積極的な情報発信により官民を問わない外部からの支援を得ている。

ウクライナは有志による参加者で、サイバー攻撃を任務とする「IT軍」を組織し、情報・メディア・サイバーなどの分野で、ロシアと比較して有利な立場を保持している。米企業がウクライナ政府の求めに応じて提供している民間先端技術の「衛星インターネットサービス」は、ウクライナ国民の通信手段としてのみではなく、軍の無人機の運用などにも活用されている。

ウクライナ軍の個人携行式対空ミサイル・スティンガー（米国製）／スターストリ

ーク（英国製）などもロシア野戦軍の不活発さの一因だ。機動戦には近接航空支援（戦闘爆撃機、攻撃ヘリコプターなど）が不可欠だが、飛べば撃墜され、ロシア軍は航空優勢を確保できていない。

「今や、ヘリコプターが戦車時代の終焉を告げたということができる。（中略）ヘリコプターが戦車を戦場から追い出すのは時間の問題であることは、疑問の余地がない」と『超限戦』の著者は言う。逆に、戦場から退場するのはヘリコプターだ。

では、ウクライナ軍の「21世紀型散兵戦」は、ロシア軍の侵攻対処の決定打となり得るか？　答えは否。「21世紀型散兵戦」は、防御の一形式だ。防御の主眼は「敵の攻撃を破砕すること」で、敵の撃滅ではない。

ウクライナ戦争はウクライナの国土を侵犯するロシア軍の侵略であり、ロシア軍の攻撃を破砕しただけでは、失われた国土は還ってこない。攻撃でロシア軍を撃破して国境外に追い出す必要がある。

ウクライナの国土防衛戦争は、①防勢作戦（防御）でロシア軍の攻勢（攻撃）を破砕し、②攻勢（攻撃）への転移でロシア軍を撃破して国境外に駆逐（追撃）し、③最終的に国土復興作戦（非戦争の軍事行動）を全うして、はじめて完結する。

わが国には、ウクライナは白旗を上げて停戦すべき、と主張するロシア贔屓《ひいき》の面々も存在するが、侵攻中の停戦は、ウクライナの国土の一部を割譲することを意味する。このような主張は、眼前の一時的な安逸を選択して当面の危機を回避する、という国土防衛戦の本質を直視しない近視眼的発想と言わざるを得ない。

ゼレンスキー大統領が「今必要なものは、戦闘機と戦車と榴弾砲だ」と、国際社会特に米国とNATOに対して再々要求している、この意味は何だろうか？

ウクライナの戦争目的は占領された国土の回復であり、先ず防勢作戦によりロシア軍の攻勢を破砕し、次いで攻勢作戦に転移し、最終的に国土を回復することだ。攻勢作戦に転移するための切り札が「戦闘機と戦車と榴弾砲」なのだ。ジャベリンやスティンガー／スターストリークなど散兵が携行するミサイル（軽火器）は防勢作戦の花形だが、攻勢作戦の主役は重火器なのだ。

ゼレンスキー大統領にはこのことを完璧に理解しており、また国土回復という確固とした意志の表明として、米国はじめ友好各国に戦闘機と戦車と榴弾砲の提供・支援を求めているのだ。一方、わが国では、ジャベリンなどの活躍を目の当たりにして、コストパフォーマンスの観点から戦車無用論的言辞も散見されるが、軍事音痴の典型的な発想だ。

米軍がウクライナ軍に供与した装輪式多連装ロケット砲システム・ハイマースが7

月頃から威力を発揮している。ハイマースは227ミリロケット弾を6発装備し、射程は約80キロメートル。翌2023年9月、米国は地対地ミサイルATACMS（最大射程300キロメートル）の供与を決定した。供与されたATACMS（射程165キロメートルのタイプ）は、同年10月、ウクライナ軍に実戦配備されて大きな成果を上げているようだ。

●戦車は戦局を一変させるか

ロシアの軍事侵攻（2022年2月24日）から11カ月後の2023年1月26日、ドイツがレオパルド2戦車を、アメリカがエイブラムス戦車を、それぞれウクライナに供与すると発表した。イギリスはチャレンジャー戦車の供与を既に決めている。

いずれの戦車も120ミリ戦車砲を搭載する欧米主要陸軍の主力戦闘戦車だ。ウクライナ軍が欧米の主力戦車を手中にするのは初めてで、以降の戦局は、NATO対ロシアの対決という色彩が一層濃くなった。

一方、戦車と一体的に運用されるM－2ブラッドレー（米）、AMX10R（仏）、マルダー（独）などの歩兵戦闘車の供与も発表済みだ。ウクライナ軍が供与される戦車と歩兵戦闘車を一体とし運用すれば、近代的な機動戦が可能になる。

マスコミなどでは、どちらの戦車が強いかというマニュアック的記事が話題になった。筆者としては、戦車出現の原点に立ち戻り、①戦車という思想、②供与戦車をどう戦力化するか、③供与戦車はウクライナの戦局を変えるか、の3つの視点で戦車供与の意味を考えてみたい。

●戦車という思想

戦車の誕生は約100年前の第1次大戦の最中だった。膠着《こうちゃく》した塹壕戦を打開する決戦兵器として期待され、ソンムの戦い（1916年9月）で初陣、カンプレーの戦い（1917年11月）で大規模集中運用、アミアンの戦い（1918年8月）で戦車と飛行機が初めて協同した。

戦車は戦争終結の決め手にはならなかったが、戦車の将来性に着目したJ・F・C・フラー中佐（英国戦車軍団参謀長）が起草《きそう》した「Plan1919」（原題：決定的攻撃目標としての戦略的麻痺化）が機甲戦理論の原典となった。Plan 1919は、将来戦を予見した「軍隊の機械化」を提唱した斬新な青写真、フラーの軍事思想を凝縮《ぎょうしゅく》した啓蒙《けいもう》書《しょ》、古典的戦争理論に対する革命的論文だった。

Plan 1919の主役は戦車と飛行機だ。この組合せは、第2次大戦劈頭《へきとう》のドイツ軍による**電撃戦**（1940年5月～6月）として開花。20世紀末に起きた第1次湾岸戦争における**「砂漠の嵐作戦」**（1990年8月～91年3月）はこの系譜に連なる。

戦車が戦場の主役を演ずる華々しい戦闘は、湾岸戦争での100時間地上戦が最後、と言われてから30年余の歳月が流れた。空地一体の大規模機動戦はもはや過去のものとなり、21世紀の戦場ではあり得ない、と思われたのだ。

ところが、地続きのヨーロッパでは、ウクライナ戦争に見られるような侵略戦争は決して過去の出来事ではなく、将来でも起こり得る、ということだ。ロシア軍の侵攻から1年半以上が経過した時期（2023年1月末）に、欧米主力戦車供与の問題がにわかにクローズアップされた。

戦車の誕生から100年余。陸戦の王者として称えられる一方、「戦車無用論」という逆風に何度もさらされたが、戦車はその都度生き残ってきた。ウクライナ戦争勃発当初、対戦車ミサイル・ジャベリンなどの活躍を見て、わが国でも「戦車無用論」が語られた。ジャベリンの有効性に疑問の余地はないが、あくまで「防御」での顕著な成果だ。

ウクライナが領土奪還に本格的に取り組み、欧米各国がこれを応援するというのが、戦車供与の現実的な意味である。戦車は、過去の兵器ではなく、現状を打開する戦局の切り札として満を持して再登場したのだ。

●供与戦車をどう戦力化するか

新戦車を受領して、即、戦線に投入できるか？

答えは「否」だ。ベテラン戦車兵でも、未経験の戦車を受領した場合、構造機能の理解、各種器材の取り扱い、整備、操作、戦車の操縦、射撃、指揮などへの慣熟が必要となる。旧ソ連製のT－72になじんだウクライナの戦車兵にとって、欧米から供与される戦車（レオパルト2、エイブラムス、チャレンジャー2）は異次元の物体で、抜本的な意識改革を求められる。

戦車を戦力として戦場で実力を発揮させるためには、単に個々の戦車（単車）を動かすことだけでなく、小隊（3～4両）、中隊（10～13両）、大隊（30～40両前後）など、部隊組織としての動きができなければならない。

乗車／下車歩兵、野戦砲兵（榴弾砲、多連装ロケット砲システム）、工兵など他兵種との協同連携も重要だ。欧米の戦車は、IT（情報技術）等をフルに活用した指揮・統制システムを搭載しており、これらを使いこなす必要もある。

したがって、欧米から供与された戦車を実戦の場で戦力発揮できるようにするためには、部隊としての「戦車の戦力化」が必須で、その中身は新戦車の受領、基礎教育、錬成訓練（単車訓練、部隊訓練、他兵種との共同訓練）などが最低限でも含まれる。

では、戦車の戦力化に要する時間はどのくらい必要か？

状況・条件によって異なり、確信を持って言えないが、最低限でも2～3カ月は必要だろう。ウクライナ軍戦車兵には実戦の経験があり、新戦車に対する好奇心も旺盛で、またIT機器への対応能力も高いと推察される。

ロシア軍の戦車は、T－72が主体で一部T－90も参加している。欧米の主力戦車とT－72やT－90との能力差（マニュアルとコンピューターの差）は決定的で、ウクライナ軍戦車兵たちが腕をなでている様子が目に浮かぶ。

●供与戦車を中核とするウクライナ軍の反転攻勢

ウクライナ軍は、欧米から主力戦闘戦車の提供を受け、部隊としての戦力化が概成（12個旅団）し、泥濘化した大地が固まる春季（2023年5月～6月頃）以降、被占領地の解放すなわち国土の奪回を目標として、作戦を防勢から攻勢に転移するチャンスを手中にした。

2023年3月16日ポーランドが、翌17日スロバキアが、それぞれ旧ソ連製の戦闘機（ミグ29）をウクライナに供与すると発表した。これを契機として、戦闘機の供与に弾みがつけば、ウクライナ軍は攻勢移転へ不可欠の手段が手に入る。
4月28日、ストロンベルグＮＡＴＯ事務総長は、「戦車230両、装甲車1550両の合計1780両の装甲戦闘車両がウクライナ軍に供与され、9個旅団約3万人の訓練が各国で行なわれた」と発表した。5月11日、英政府は巡航ミサイル「ストーム・シャドー」（射程250キロメール）をウクライナ軍に供与すると発表した。
5月19日、米政府は、ウクライナが求めているF－16戦闘機を、欧州の同盟国が供与を決断した場合はこれを容認し、ウクライナ軍パイロットの共同訓練実施を支援する、と明らかにした。これを受けて、英国、オランダ、ベルギー、デンマークが協力する、と応じた。
5月29日、ゼレンスキー大統領は参謀本部で報告を受け、「砲弾の供給や部隊の訓練状況、戦術だけでなく、時期についても報告があった。時期こそが最も重要であり、いかに前進していくのか、決定が下された」と攻勢開始が近いことを示唆した。
8月20日、オランダとデンマークは、米政府が欧州からの供与を承認していた「**F－16戦闘機**」をウクライナに供与すると発表した。オランダ23機・デンマーク19機の合計42機だ。パイロットなどの訓練には時間がかかり、ウクライナ空軍が運用できるのは2024年初頭以降と見込まれる。これら実機がウクライナに届くと強力な戦力になることは間違いない。

攻勢といっても、あくまで内線作戦の一環で、全正面での本格的な攻勢への転移ではない。攻勢正面は東部または南部のいずれかだ。東部正面は、四つ相撲のような力と力の正面衝突となり、双方ともに大きな損耗が予想される。南部正面は、機動戦の余地があり、供与戦車の特性がより発揮できる。したがって、先ず南部正面を片付け、その後に東部の非占領地を奪還することが順当な段取りと思われる。

戦力造成の完了と同時に「**決定的作戦**（**decisive operation**）」を発起するわけではない。先ず「**成形作戦**（**shaping operation**）」を実行して、決定的作戦に必要な条件を作為する。5月中旬頃からのウクライナ軍の一連の行動がこれに相当。

成形作戦のねらいは、反転攻勢の時期、規模、方向などを欺騙／陽動し、ロシア軍の地上／対空戦力を分散させ、対攻勢準備を妨害し、攻勢のための地歩を確保することだ。ロシア国内の反政府勢力との連携、情報戦などあらゆる手段を講じて広範囲に実施する。

ウクライナ軍の反転攻勢は文字通りの決定的作戦で、ウクライナ防衛作戦の帰趨が決する。このような作戦の実施に当たり、「**全般作戦計画**」を策定して作戦全体の枠組みを確定することが通常だ。作戦の長期化や作戦行動が異なる場合には複数の期に区分する。例えば3期に区分する場合、第1期は即実行できるように具体的に計画し、第2期は概略計画し、第3期は方針のみ示し、第1期の進捗状況に応じて第2期以降の内容を逐次具体化する。

攻勢作戦の具体的なイメージとして「**電撃戦方式**」（A案）と「**桜前線方式**」（B案）の2案が考えられる。攻勢作戦の全体目標は両案とも「被占領地（ザポリージャ州、ヘルソン州、クリミア半島）の奪還／解放」で共通する。ただ、そのやり方が根本的に異なる。

A案（電撃戦方式）は強力な打撃部隊による穿貫突破《せんかんとっぱ》／貫通突破の戦闘方式で、ザリージャ州が主舞台となる。アゾフ海沿岸線（約100キロメートル）を進出目標線（Obj L）として、機甲部隊（複数の機甲旅団）を昼夜連続無停止攻撃（機動戦）で一気に突進させ、ロシア軍に占領されている地域を東部と南部に分断する。第2次大戦の西部戦線戦における、ドイツ機甲軍団のドーバー海峡への猛進すなわち電撃戦（1940年5月〜6月）のイメージだ。

次いで、機甲部隊のObj L到達後、後続の機械化歩兵部隊と自動車化歩兵部隊を突破地帯の東西に展開させて、ザポリージャ州とヘルソン州の都市や集落などを解放する（平定行動）。最終的にクリミア半島へ進出して、半島全体を奪回する。

1940年5月、ドイツ軍は機甲部隊と車両化部隊を集中的に投入した電撃戦で、オランダを5日間、ベルギーを18日間で降伏させ、フランスの首都パリを5週間で陥落させた。ロシア軍は既に大量の機甲戦力（戦車、装甲戦闘車量など）を失っており、ウクライナ軍の電撃戦的反転攻勢と互角に戦える戦闘力はないと推察される。

筆者は、当初、A案（電撃戦方式）を有力方式と考えたが、ロシア軍の縦深にわたる地雷原は濃密かつ強靭で、ドイツ機甲師団並みの電撃戦は絵に描いた餅だった。ウクライナ軍は着実に前進するB案（桜前線方式）を採用したようだ。

B案（桜前線方式）は一定の地域／面を確保しながら前進する漸進攻撃方式だ。日本国内各地のソメイヨシノの開花が、3月中旬から5月上旬にかけて、九州や四国南部から北上を始めて北海道に至る「桜前線の北上」に似たイメージだ。

B案は広正面で複数の陣地攻撃を連ねた前線（Obj L：進出目標線）をジワリと押し進め、〝砲兵が耕し歩兵が占領する〟地道な戦闘方式だ。戦車の主力は機動予備および戦略予備として控置し、敵戦線に穴が開いた場合に投入する決定戦力として機動力と打撃力をフルに発揮させる。

この方式は、当初はスピードが劣るが、一定の地域がいつの間にか桜色に染まり、それが波紋のようにジワリと拡がるという安定感がある。作戦の半ばで状況が浮動化し、機動戦（電撃戦方式）に転じることも想定される。全般作戦計画B案は概略次のようになる。

①**第1期**――機械化歩兵部隊と自動車化歩兵部隊を主力として、進出目標線（Obj L）を多数設定してこれら目標線に逐次進出、最終的にアゾフ海沿岸線（約10 0キロメートル）に到達させ、先ずザポリージャ州を奪還／解放する。縦深数キロメートルの攻撃目標を横一線に多数設定して、コンバインドアームズ部隊で各攻撃目標を着実に奪取する。
②**第2期**――第1期の進捗状況により、機動予備または戦略予備の機甲部隊を一気に投入して、ザポリージャ州およびヘルソン州の都市や集落などを解放する。
③**第3期**――クリミア半島へ進出して、クリミア半島全体を奪回する。具体的な実行要領は、第2期作戦の進展状況による。

桜前線方式では、当初、強力な機甲部隊（供与された欧米の戦車と装甲戦闘車量を主力とする）を戦略予備として控置する。戦略予備は東部および南部のロシア軍に対する牽制抑留効果があり、機甲部隊の特性を生かした運用だ。

6月4日、ウクライナ軍がウクライナ東部ドネツク州のベリカノボシルカおよび中南部ザポリージャ州のノボダリウカでロシア軍を攻撃し、ウクライナ軍当局者が「一連の小規模の攻撃が進行中」と話しており、数か所でソメイヨシノの開花（ウクライナ軍の反転攻勢）始まった。

攻勢開始から3カ月が経過した8月末、ウクライナ軍はロシア軍の防御ラインを一部しか突破できていないようだ。その主たる原因は、（筆者の想定をはるかに超える）ロシア軍の縦深にわたる濃密な地雷原に苦戦しているからだ。ウクライナ軍工兵部隊の地雷原処理能力が不十分だったと推定される。とはいえ、防御ラインはいずれ穴が開き、戦線が浮動状況になる可能性は否定できない。

9月上旬頃の情勢は、ウクライナ軍の主攻撃正面はザポリージャ州で、ロシア軍の第1防衛線を突破し、第2防衛線の突破に着手しているようだ。ロシア軍の防衛線（地雷原＋堅固な塹壕）は3層から成り、他正面からの兵力の転用を迫られ、抽出兵力と予備隊の確保に苦慮している模様だ。

ウクライナ戦線には季節的な結節がある。晩秋の雪になる前の多量の降雨による「泥濘地地獄」の到来だ。装軌車両も装輪車両も泥にはまって動けなくなり、一般的には攻撃側の不利が大で、防御側には頼もしい味方となる。**11月前後の泥濘の時期**が、ウクライナ軍の反転攻勢の結節となることは間違いない。

82年前の**バルバロッサ作戦（1941年）**では、10月10日前後の天候急変で大地が泥濘と化し、ドイツ軍の全車両が約3週間動けなくなった。今日の地球温暖化の影響で泥濘の時期は若干ずれるが、このような事態の到来必然だ。

泥濘に引き続いて酷寒の季節が到来、大地が凍結、**積雪寒冷地の作戦**へと移行する。積雪寒冷治では部隊の行動は鈍重《どんじゅう》になるが、冬期訓練／装備の適切な部隊は、積雪寒冷地の弱点を克服して相対戦闘力の優越を獲得できる。ウクライナ軍は供与戦車／歩兵戦闘車などを最大限に活用して機動戦に持ち込める可能性がある。

戦いにおける勝利のカギは「敵から主導権を奪い、維持し、拡大する」ことだ。すなわち伝統的な〝戦いの原則〟の「攻勢（Offensive）」そのものだ。ウクライナ軍の反転攻勢はロシア軍から主導権を奪うこと、作戦を継続することは主導権を維持し拡大することにつながる。反転攻勢を続け、積雪寒冷地の特性を生かせば、ウクライナ軍の勝利が見えてくる。

●戦力転換点

ウクライナ軍の攻勢移転は、ロシア軍が**作戦レベル**で**戦力転換点**に達したことを表している。以降の戦いはウクライナ軍の攻撃とロシア軍の防御という形式になる。戦闘の継続により攻者と防者の双方に必然的に損耗が生じる。ウクライナ軍の戦闘力が尽きる以前に、ロシア軍が増援（他正面からの転用など）による戦闘力の補充／強化に失敗すれば、ロシア軍が**戦術レベル**での**戦力転換点**に達して防御が破綻することもあり得る。

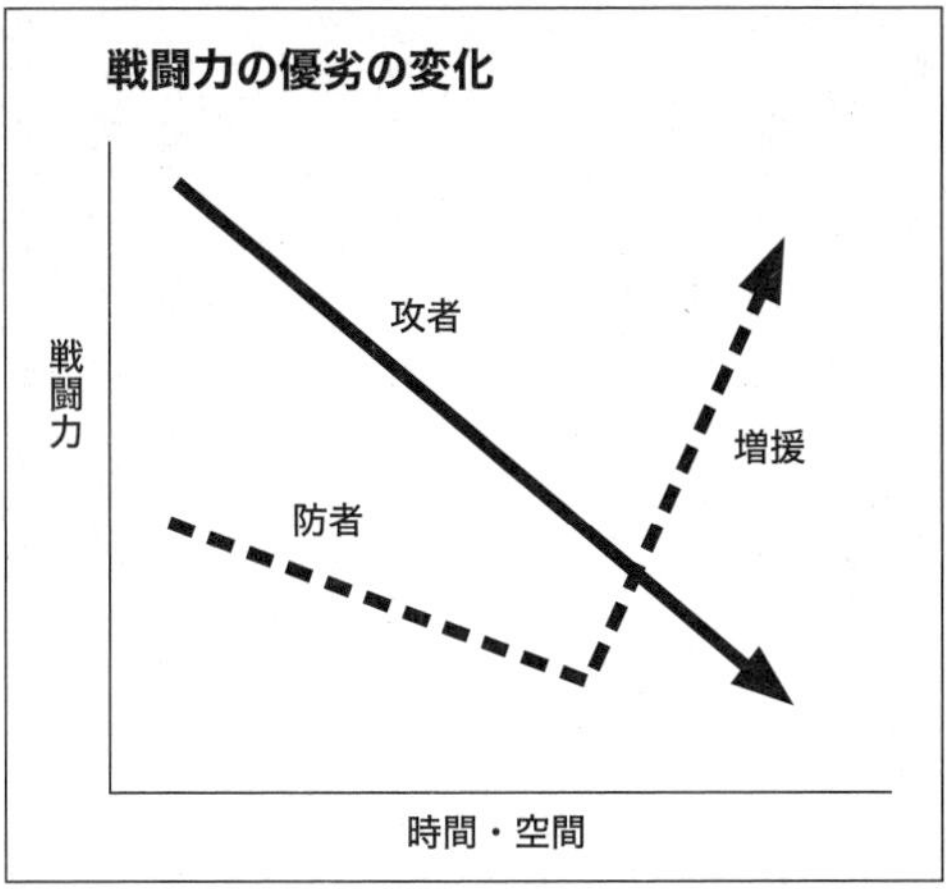

　防御は他の決定的作戦（他正面での攻撃など）に従属する戦術行動、いわば脇役である。守りたい正面は多く、しかも兵力は少ないのが通常だ。「至ル処守ラントスレ

バ、至ル処弱シ」と孫子も言っているように、ロシア軍占領のウクライナ南部戦線は広大で、ロシア軍はすべてを守るだけの兵力はあるのか？

では、南部攻勢は戦局転換につながるか？

ゼレンスキー大統領は、2022年5月21日、「**戦闘によってロシア軍を2月の侵攻直前の位置にまで押し戻せばわが国にとっての勝利となる**」との認識を示している。南部攻勢の成功により、ザポリージャ州とヘルソン州が解放されると、この条件の大半が整う。

ただし、ゼレンスキー大統領は、東部、南部、クリミア半島の領土奪還に再三言及し、国土防衛戦争の最終目標は変えていない。ロシア側がどう動くかにもよるが、欧米の主力戦車、戦闘機などの供与は、ウクライナの戦局転換につながる切り札だ。2023年9月19日、米統合参謀本部議長が、ウクライナはロシア軍侵攻以来占領された**自国領土の54パーセントを奪回**し、戦略的主導権を維持していると述べた。

さらに、ウクライナ軍の反転攻勢は、戦力的に勝ち目があるのか？

敵が「**周到な準備による陣地防御**」を行なう場合、攻撃に「3倍の戦力」、「**応急的防御**」に対して「2・5倍の戦力」が必要とされる。さらに、逆襲（counter attack）のような「**側面攻撃（flank）**」の場合（浮動状況／遭遇戦など）には「1対

1」という数字がある。これらは米陸軍の公的資料（野外教令『指揮官および幕僚の業務提要』）に記述され、この条件を満たせば50パーセント以上の確率で敵を撃破できる、戦史データに基づく科学的根拠のある普遍的な原則だ。

南部正面のロシア軍の態勢は、部分的には「周到な準備による陣地防御」や「応急的防御」も考えられるが、全体的には分散配置のように推定され、戦力構成も歩兵主体と思われる。欧米の主力戦車と歩兵戦闘車で構成されるウクライナ軍は、全ての攻撃正面に3倍や2・5倍の戦力は必要なく、むしろ同等の戦力でも機動戦（浮動状況の戦闘）で十分勝ち目があると言える。

過去1年半のロシア軍の戦いぶりを見ると、かつて最強を誇ったソ連軍機甲部隊の遺伝子は継承されていないようだ。現実のロシア軍には、西側の近代兵器を装備するウクライナ軍の「機動戦」または「桜前線方式」に抗し得る実力があるのか？

ウクライナ軍は、砲兵火力で敵を制圧し、障害を着実に処理し、歩兵が一歩一歩前進する方式で攻勢を進めているようだ。とはいえ、11月下旬頃のウクライナ軍の進出距離は約20キロメートル程度、戦線は膠着している、反転攻勢は失敗、との報道が見られるようになった。

主要装備数の不足と訓練不十分なウクライナ軍は、戦力を3方向に分散させ、結果として南部正面の攻撃衝力を維持できないとの分析もある。仮に、ウクライナ軍が反転攻勢に失敗すれば、作戦レベルで戦力転換点に達し、攻守所を代え、ウクライナ軍は防勢を余儀なくされる場面に直面するであろう。

このような中で、二度目の泥濘の季節が迫る10月中旬、ウクライナ軍海兵旅団がヘルソン州でドニプロ川東岸クリンキ付近へ渡河を敢行した。渡河攻撃は、東部ドネツク州を攻撃中のロシア軍の戦力を分散させ、本命のザポリージャ州の戦況を進展させる狙いもあるだろう。

彼我共に地上を動けなくなる泥濘期間は、橋頭堡を強化する絶好のチャンスだ。浮橋で重戦力（戦車、歩兵戦闘車など）を推進し、浮橋をつないでポントン橋を構築すれば兵站線が確保できる。ウクライナ南部に新たな桜が開花し、ザポリージャ州の数か所の突破口と連携し、桜前線が広がる。

橋頭堡を拡大強化すると、ヘルソン州解放さらにはクリミア半島進出への根拠地（ベース）となる。ウクライナ軍のドニプロ川渡河は、「**根拠地の設定**」（作戦を構成する要素の1つ）の具体的な実行だ。

ザポリージャ州を占領するロシア軍の防御施設特に地雷原は（筆者の）想定以上に強力のようだ。だが、桜前線が着実に広がり、アゾフ海沿岸を制する段階になると、ロシア軍は後方連絡線（補給線）すなわち退路を完全に遮断され、トクマク（ザポリージャ州の要衝）などを守備する部隊が敵中に孤立する。

11月頃、ロシア空軍スホイ戦闘爆撃機（スホイ30／34／35）が空爆対象を都市から前線部隊に変更、ウクライナ軍の前進速度が低下との報道が散見されるようになった。ウクライナ空軍ミグ29戦闘機の空対空ミサイルは射程不足でロシア軍戦闘機を撃墜できず、ロシア軍機の空爆を止める手段がないからだ。

ウクライナ空軍が運用する「パトリオット」はスホイ戦闘爆撃を撃墜できるが、都市防空に専念して第一線に配備する余裕がない。ウクライナの防空網の射程外から発射できるロシア軍機の前線爆撃を阻止できるのは、長射程空対空ミサイルを装備するF－16だけだ。ウクライナ軍がF－16の実戦配備を急ぐゆえんだ。

★ウクライナ戦争に学ぶ国土防衛戦

●国土防衛戦の意志と覚悟と行動力

なぜ鏡が必要なのか？　比較できる対象を鏡に映すと自国／自分の姿がより鮮明に見えてくる。進行中の戦争を鏡に映してわが国の姿に重ねると、わが国防衛の現状、特徴、欠落している事項、あるいは近未来の「初戦」の態様が具体的に見えてくる。以下、鏡に託してわが国防衛の本来あるべき姿を考えてみよう。

ウクライナの人口は約4500万人、面積は約60万平方キロメートル（日本の1・6倍）。軍事大国ロシアとは比較にならないが、国際社会の共感と欧米からの支援を得て、ロシアの軍事侵攻から2年近く国土防衛戦を主体的に行なっている。これを可能にしているのは、国家指導者ゼレンスキー大統領とウクライナ国民自らの防衛意志と覚悟と行動力だ。

ウクライナが、長期戦を覚悟して、ロシア軍に占領されている国土を回復するまで戦うことができるのは、ウクライナ国民に自ら国土を守るという意志と覚悟があり、国家も反撃できる準備（法体制や人的・物的資源など）を整えているからだ。戦争は国家トップの意志と信念の戦いで、ロシアとウクライナの両大統領のいずれかが勝利または敗北を認めるまで戦いは続く。

ウクライナ戦争は決して対岸の火事ではない。力の信奉者たちに性善説は通用しない。ウクライナ戦争は、私たち日本人が常識と考えていることが実は常識ではない、という異次元空間が現実に存在することを具体的に教えてくれる。

以下、現在なお継続中のウクライナ戦争を鏡として、専守防衛の本質を考え、専守防衛を全うするために、抑止戦略として①外からの攻撃意図をくじく実効性ある抑止力、②国家としての継戦能力、③戦時内閣による戦争指導、④陸上戦力の本質的役割、⑤勝利と敗北の判定の5点に絞って考察する。

1、外からの攻撃意図をくじく実効性ある抑止力

ウクライナ戦争はウクライナが意図的に仕掛けた戦争ではない。ウクライナの戦いぶりは典型的な「専守防衛」だ。ウクライナ戦争はロシア軍の軍事侵攻から始まり、戦場もウクライナの領域内に限定されている。

ロシア軍の侵攻から2年近くが経過した段階で、ウクライナの民間施設、産業施設、住宅地域などが無差別に破壊され、都市の一部は瓦礫の山となっている。ウクライナ国民や子供の強制連行も含め、一般市民の犠牲者も膨大な数に上っている。

その一方、国境を接しているロシア本土にはほとんど被害が及んでいない。ウクライナ軍がロシア領域を本格的に攻撃できるだけの手段を保有していないからだ。つまり、ロシア軍は後顧の憂いなくウクライナ国内を破壊し続けている。

米国供与の高機動ロケット砲システム（ハイマース）と英国供与の巡航ミサイル（ストーム・シャドー）が威力を発揮しているが、米英両国はロシア国内への射撃を

禁じているようだ。ロシアは、自国に被害が波及すれば戦術核の使用も辞さないと恫喝し、米国やNATO各国に抑止力として一定の効果を発揮している。

既に述べたように、ロシアという国家は伝統的に自国の安全には極端に敏感である。プーチン大統領がウクライナ侵攻を決断した背景には、ウクライナ軍がロシア国内を攻撃できる手段（モスクワに到達できる短距離弾道ミサイルなど）を保有する前に、予防的にウクライナを叩いておこうという思惑もあったに違いない。

ウクライナが国土防衛戦に勝利して、侵攻したロシア軍を国境外に押し戻したとしても、ウクライナ国土に残るのは、膨大な犠牲者と瓦礫の山である。ウクライナ戦争の現状は、ロシアに侵攻を躊躇させるに足る備えを欠いた専守防衛の実態をあからさまに示している。

では、真の専守防衛とは一体何だろうか？

わが国の国是ともいえる「専守防衛」は、敵から攻撃を受けた場合はその場で反撃するが、敵本拠地への攻撃は米軍に委ねるという他力本願だ。攻撃を受けるのは、当然ながら、わが国土である。現場で反撃し、占領された国土を回復しても、そのあとに残るのは国土の荒廃だけだ。攻撃側は痛くもかゆくもない。ウクライナの現実がそれを立証している。

そもそも、国土を戦場にするという前提は、軍事的合理性からは最悪の選択だ。国家防衛の眼目は国土を戦禍にさらさないことだ。性善説は日本的美質である反面、相手の意志に左右されるという決定的な弱点を抱えている。

真の「専守防衛」には、実効性ある「抑止力」がその裏付けとして必要だ。対象国に、日本を攻撃するとひどい目にあうぞと実感させる軍事力（能力）を備え、有事には相手にもわが国と同等の損害を与える（意志）ことを宣言し、わが国への侵略、侵攻を未然に防止する。口先だけではなく実行力が決め手だ。

抑止力は核兵器からサイバー空間／電磁波領域を含む科学分野まで多岐多様だが、将来の選択肢は別として、喫緊の課題として弾道ミサイルなどの早期整備を急ぐべきだ。最優先は、米国製巡航ミサイル「トマホーク」（射程1600キロメートル）の早期戦力化だ。2025年度から取得してイージス艦に搭載する予定だ。

当面、トマホークや米国の核の傘による核抑止に期待して、わが国としては、（例えば北京、平壌を射程内とする）自前の弾道／巡航ミサイルなどの整備を急ぐべきだ。目的は先制攻撃ではなく、対象国指導者に「攻撃意図を断念させる」ことは当然だ。相手指導者の善意への過剰な期待は、結果的に付け込まれるだけだ。

実効性ある「抑止力」は装備に限らない。2016年から与那国島、宮古島、奄美大島へ陸自部隊を逐次配備し、２０２３年3月の石垣島を最後として南西諸島の防衛拠点が整った。拠点が存在すれば、有事に増援部隊の受け入れが可能になる。有事増援の切り札が現在6個隊編成されている**即応機動連隊（即機連）**だ。

即機連は、内地の師団／旅団で編成、南西諸島に機動展開して、島嶼防衛の柱となる部隊だ。連隊の中核戦力は、**16式機動戦闘車（１０５ミリ戦車砲を搭載する装輪式戦闘車両）**を装備する「機動戦闘車隊（2個中隊）」だ。機動戦闘車は戦車の代替装備にはならないが、空輪可能で緊急時の迅速な配備に適している。

侵攻する側から見れば、１０５ミリ戦車砲を搭載する16式機動戦闘車の威力は絶大で、ヘリボーン部隊（歩兵の軽戦力）では手も足も出ない。つまり、情勢が切迫した時点で、侵攻が想定される島に機動戦闘車を事前に配備すれば、少なくともヘリボーン攻撃による降着侵攻を抑止することが可能となる。

南西諸島（与那国島、奄美大島、宮古島、石垣島）の防衛拠点（警備隊などの配置）の構築は、抑止態勢の重要な礎石だ。これらが真の抑止力となるためには、各拠点への部隊／装備などの増援、および戦闘力維持（弾薬、食料などの補給）に不可欠な後方連絡線（海上補給線）の確保と維持がきわめて重要だ。

海上自衛隊の輸送艦だけでは有事の所要を満たさないので、防衛省は２０２４年度末に3自衛隊共同部隊（統合部隊）の「**海上輸送群**」を海上自衛隊呉基地に新編、情勢緊迫時における南西諸島防衛の実効性を担保する。

同部隊は**中型輸送艦**（２０００トン級）２隻、**小型輸送艦**（４００トン級）４隻、**機動舟艇4隻の計10隻を配備**する計画だ。これら輸送艦は部隊の増援や物資の補給だけではなく、住民の迅速な島外への避難にも使用できる。

私たちは現実を直視し、軍事＝悪という型に決まった行動や思考様式から脱却して、あらゆる国家資産をわが国防衛の基盤として生かすことが求められる。有事に、民間空港や港湾の施設を軍事利用することは当然で、平時から必要な措置を講じておくこと（公共インフラ整備）を怠ってはならない。

韓国やスウェーデンのように、高速道路を戦闘機の滑走路として使用できるように改修することもぜひ実行してもらいたい。北海道から鹿児島まで直通する新幹線も効果的な補給／輸送路線として活用できる。

中国軍が尖閣諸島などに上陸を試みるのは、強襲揚陸艦（ＬＨＤ）から発進する水陸両用部隊／ヘリボーン部隊だ。したがって、わが国の島嶼への着上陸侵攻を阻止する最も有効な手段は、事前に強襲揚陸艦を機能不全にすることだ。

トマホークに加えて、米国は**空対地巡航ミサイルＪＡＳＳＭ－ＥＲ**（射程１０００

キロメートル）50発の輸出を認めた（２０２３年9月29日）。空自の戦闘機がＪＡＳＳＭ－ＥＲを装備すれば、強襲揚陸艦へのスタンドオフ攻撃が可能になる。改修中の射程がさらに長い**12式地対艦ミサイル**の配備は25年度からになるが、ＪＡＳＳＭ－ＥＲはこの間の間隙を埋める決定的手段となろう。

陸上自衛隊を配備すれば戦争に巻き込まれるという論があるが、逆で、戦闘力のある部隊を配備することにより侵攻を抑止できるのだ。防衛省は、このことを反復説明して、現地自治体／住民の理解を高める必要がある。また、増援部隊の機動展開訓練や日米協同訓練を目の見える形で行なうことも、抑止効果が大である。

2、国家としての継戦能力

わが国が、万が一、軍事侵攻を受けた場合、ウクライナのように2年近く戦えるかと自問すると、残念ながら答えは「否」だ。陸・海・空自衛隊の現有戦力で初戦は何とか戦えるが、初戦で決着がつかない場合、国家としての継戦能力はゼロに等しいのが現状だ。

太平洋戦争の敗戦から78年、わが国が平和を享受できたのは僥倖だった。反面、過剰ともいえる平和主義に慣れて、有事への備えを完全に無視した。自衛隊は表面的には世界有数の軍事力のように見えるが、実体は、国家が軍隊として認知せず、真の意味の戦闘を行なえないように自縄自縛しているのが現実だ。

有事に必要な国内法は、臨時立法で一気に成立させるという考え方があるが、たとえ法律が成立しても即効性はない。平時から必要な法律を整備し、国内外に周知させることが不可欠なことは当然だ。このために政府があるのではないか？

ウクライナ戦争の現状から学ぶべきことは、第1が国土を戦場にしてはいけないということ、第2が侵攻を受けた場合に首相がゼレンスキー大統領のように陣頭に立って侵略者を撃退することだ。首相にはその覚悟と指導力があるかを問いたい。また、覚悟があったと仮定しても、わが国が現実的に実行できることは限定的だ。

憲法9条が「戦力の保持」と「交戦権」を否認していることは紛れもない事実だ。政府は「自衛隊は国際法上の軍隊に相当」とごまかしているが、仮にそうだとしても、これは詭弁《きべん》に過ぎない。軍隊と交戦権を否定しているわが国は、戦時に、軍隊の使用と行動を統制する国内法体系を持つことができない。

わが国には動員制度がない。有事に、海外からミサイルや戦車などの供与が得られても、これらを戦力化して反撃出来る予備隊がなく、新たな部隊を創設する法的な裏付けもない。有事には国際社会からの支持と支援が不可欠だが、他力本願ではなく自ら自国領土を守るという意識と、その裏付けとなる体制の整備が急務だ。

昨今、国際情勢の激変により、政府も防衛費の増額（GDP比2パーセント）やミサイルの購入を決めるなど、防衛問題を真剣に考えるようになったことは評価できる。だが、これらの動きは、日本特有の「その場しのぎの動き」であり、眼前の火消しに過ぎない。問題の核心を中長期的な視野で抜本的に解決しようとする姿勢は見られず、またその意志もないようだ。

わが国が他国に戦争を仕掛けることはあり得ないし、またあってはならない。同時に仕掛けられた戦争に無防備であってもいけない。わが国の平和を、周辺諸国と国際連合を中心とする国際社会の善意に委ねることの無意味さを象徴しているのが、ロシアによるウクライナへの軍事侵攻と国際連合の機能不全だ。

EEZにミサイルを撃ち込まれて〝遺憾砲〟でいくら口撃しても効果はゼロだ。軍事力が外交の裏付けとなっていないからだ。空想的平和主義から脱却し、抑止力に裏付けされた真の「専守防衛」態勢を可及的速やかに確立すべきである。

戦後78年間のわが国の在り様が、今日のわが国の姿である。本来あるべき「普通の国家」に戻るには、おそらく半世紀もの時間が必要だろう。たとえ時間がかかろうとも、丸腰国家から脱却して、法的に裏付けのある具体的な防衛態勢の構築を急がなければならない。

日本人の国防意識がゼロとは言わないが、「自国は自分たちが守る」という意識は最低限必要だ。最前線は自衛隊に任せるとしても、彼らをバックアップする継戦能力（物的・人的・制度的資源）をいかに構築するか、具体化はまったなしだ。

3、戦時内閣による戦争指導

今日のわが国には「戦時内閣」や「戦争指導」という概念は「初戦」同様なじみのないものであろう。わが国が初戦に際会すると、否応なく、政府は戦時内閣として戦争指導を行なうことになる。筆者が思い描く理想像は、フォークランド紛争を指導した英国のサッチャー政権だ。

1982年4月2日アルゼンチン軍が英領フォークランド諸島を、翌3日サウスジョージア島を占領した。**3日後の4月5日、英政府は機動部隊の第1陣を英本土から出航させ**、外交活動と併行しながら、領土奪回の軍事的措置を講じた。

英国はかつて大英帝国として7つの海を支配した。当時のサッチャー政権にもしたたかな遺伝子が継承されていた。アルゼンチン軍のフォークランド諸島侵攻を受けて、英政府は、**首相を議長とする少数大臣による戦時内閣（関係閣僚会議）を即立ち上げ**、参謀総長も軍事顧問の資格で常時列席した。関係閣僚会議を連日開き、最高レベルの意志決定を行い、外交、経済および軍事の各分野間の調整を実施し、軍事作戦の指針を決定して機動部隊司令官に指示した。

英国には政府、軍、民間が一体となって作成した「非常時対処計画」が平時から存在し、政府が「非常時対処計画○号発動」と命令すれば、機動部隊を即時編成して行動できるようになっていた。調整には、計画を促進する積極的な面と、計画と現実のギャップを埋める面があるが、関係省庁間、国防省と艦隊司令部、機動部隊内の調整は、いずれも良好に機能した。

サッチャー首相は〝鉄の女〟と称され、軍事力を行使してでも領土を奪回する、という強固な意志を堅持、一切妥協することなく戦時内閣をリードした。最高指揮官の鉄の意志こそが、フォークランド紛争に勝利した原動力だった。

フォークランド紛争は、政府から一般国民、軍、末端の一兵士にいたるまで、領土を奪回するという一貫した思想と意志につらぬかれていた。英国は、3カ月後の6月11〜14日、フォークランド諸島の首都ポートスタンリー決戦に勝利して「領土奪回」の戦争目的を達成した。

わが国の政治風土として、平時体制の延長線上で「有事」に対応する傾向がある。

太平洋戦争ですら、陸・海軍は、平時の人事序列で敗戦まで戦い、有事に適した人材を抜擢するなどの柔軟性は持ち合わせていなかった。

平時においても、有事への覚悟と資質を欠いたリーダーがトップに就くと、皮肉なことに、阪神・淡路大震災（１９９５年1月17日）や東日本大震災（２０１１年3月11日）のような重大な突発事案が起きる。リーダーの不決断／不作為により、避けられたはずの犠牲が多く生じ、結果として不必要な犠牲を増大させた、という無視できない事実がある。

わが国では２０１４年に国家安全保障会議設置法が制定され、制度として戦争指導の体制が整備された。（正直なところ）わが国の政治／官僚システムは、非常事態（有事）に適時・適切に対応できるのか？　政軍関係の好例として、湾岸戦争勃発時における、米国政府の意思決定がある。第5章でこのことを取り上げる。

わが国の有事に「初戦」を指導する機構が**国家安全保障会議**（ＮＳＣ）で、司令塔となるのが首相、官房長官、外相、防衛相で構成される「**4大臣会合**」だ。ＮＳＣを補佐する常設組織が**事態対処専門委員会**で、自衛官では統合幕僚長がメンバーに入っている。ＮＳＣを補佐するための事務局として内閣官房に置かれているのが**国家安全保障局**（ＮＳＳ）で、軍事専門家として陸・海・空3自衛隊から13名の幹部自衛官が派遣されている。

わが国が「初戦」を迎えた場合、国家安全保障会議（ＮＳＣ）、事態対処専門委員会、国家安全保障局（ＮＳＳ）が一体となって対処方針を決定し、最高指揮官である内閣総理大臣が自衛隊に作戦の実行を命ずる。

「戦略レベル」の段階で、国益に合致した目的および軍事目標を明確にすること、すなわち戦争の終わり方「戦争終了の状況と条件」の明確化が必要不可欠だ。次いで、「作戦レベル」の段階で、統合部隊指揮官が、これらを具体化した作戦計画を策定してこれを実行に移す。

太平洋戦争開始時の日本政府（戦争指導部）は、戦争の終わり方を明確にしていなかった。サイパン島陥落（１９４４年７月）がわが国の戦力転換点だったが、政府は終戦の機会を失し、その後も勝算のない本土決戦を呼号して国土を焼け野原にし、無条件降伏を強いられた。

わが国の行政風土として、組織を作ったことで何かを成し遂げたと勘違いする傾向が強い。国家安全保障会議（ＮＳＣ）が設置されたからといって戦争指導がうまくいく、ということにはならない。ＮＳＣは首相の決断を補佐する幕僚機関であり、決断に必要な資料と情報をタイミンク良く提供することが最大の責務だ。決断できるのは首相ただ1人だ。

相手のミサイル発射前に反撃できるかという微妙な問題がある。わが国が一方的に侵略されているという立場——事後の政治的立場を有利にする——から、一撃をあえて受けるという決断も必要と筆者は考える。首相は「わが国の命運を背負って決断すべき問題」の連続に直面する。

ウクライナ政府の戦争指導の実体は（本稿執筆時には）分明ではないが、ゼレンスキー大統領はサッチャー首相に匹敵する意志堅固なリーダーとして、国民と軍隊の士気を鼓舞し、欧米諸国の共感と支援を取り付け、占領された国土の奪回／解放にまい進している。

4、陸上戦力の本質的役割

現代戦は、陸上・海上・航空戦力が一体となって戦う統合作戦が常態である。このような中で、華やかさよりむしろ地味な存在の陸上戦力（陸軍／陸自／海兵隊）は、**国土防衛の〝最後の砦《とりで》〟**と言われる。なぜ陸上戦力が〝最後の砦〟なのか？

理由は、戦いにおける陸戦（陸上作戦）の本質的役割が、「**人間の支配であり、またその手段としての陸地の支配である**（**『戦理入門』陸戦学会**）」からだ。戦いは統合作戦として実行されるが、最終的には、陸上戦力が人間と陸地を支配（占領、保持）して、はじめて決着する。

北方領土（択捉島、国後島、色丹島、歯舞群島）と島根県の竹島はわが国の固有領土だが、実質的にはロシアと韓国の実効支配下に在る。政府が「不法に占領されている」といくら叫んでも、しょせん負け犬の遠吠えに過ぎない。なぜか？

理由は単純にして明快だ。北方領土はソ連軍に占領（1945年8月28日～9月5日）され、竹島には準軍隊の韓国国家警察隊が駐留（1953年4月～）し、わが国の施政権が及ばないからだ。すなわち、ロシアと韓国の陸上戦力が島（陸地）と住民（人間）を支配しているからだ。

ロシア軍侵攻から2年近く経過後も、ウクライナ軍が被占領地域の奪回を目指すのは、陸戦（陸上作戦）の本質的役割からいえば、至極当然だ。ウクライナ陸軍が国土を守る〝最後の砦〟であり、国土防衛戦は失地回復まで続くということ。

昨今のわが国を巡る情勢から、ポスト太平洋戦争の初戦は、台湾有事に連動する「南西諸島の島嶼戦」の蓋然性が高い。島嶼戦はウクライナのような地上戦とは様相が異なるが、国土防衛戦という本質は変わらない。

侵攻する側（中国軍）は、海・空戦力によるミサイルやドローン（水中／航空／自爆型）などの攻撃を主体とし、状況により、空中機動（ヘリボーン）による先島諸島（尖閣諸島、与那国島など）への陸上戦力（陸軍、海兵隊など）の降着を試みるだろう。その背後で、宇宙空間やサイバー空間など目に見えない領域での熾烈《しれつ》な戦いが存在することを忘れてはいけない。

ロシア軍がウクライナで航空優勢を確保できないのは、個人携行式対空ミサイルを含む各種対空ミサイルが威力を発揮しているからだ。陸／海／空自衛隊はこの種ミサイルを各種保有しており、南西諸島に集中配備すれば強力な対処戦力となる。

では、「抑止が破綻した場合」の対処をどうするか？

結論的に言えば、中国軍の陸上戦力をわが国土（無人島も含む）に上陸させてはいけない、ということに尽きる。降着（上陸）を許した場合は、あらゆる手段を講じて、絶対に排除しなければならない。これに失敗すると、占領された国土は北方領土や竹島と同様の運命をたどる。

島嶼作戦の決め手は海上連絡線（補給路）の確保だ。「ガダルカナル島作戦」（1942年～43年2月）失敗の最大要因は、長大な海上連絡線の確保・維持が出来なかったからだ。中国軍が先島諸島に降着（上陸）する場合、中国本土からの海上連絡線を確保・維持することが絶対条件となる。

「南西諸島防衛戦」は、必然的に自衛隊と中国軍の制空/制海権の争奪戦、すなわち「海上連絡線の確保と維持」の戦いが主となる。陸上戦力で領土（無人島を含めた先島諸島）を固守し、海上戦力と航空戦力で中国側に海上連絡線を設定させないことだ。一方、わが国の海上/航空連絡線の確保は絶対条件だ。

ウクライナが厳寒期を迎えた頃、ロシア軍がウクライナ全土の発電所や民間インフラ施設にミサイル攻撃を集中し、停電や断水を広範囲に発生させた。攻撃の目的は、ウクライナ市民から電気や清潔な水を奪い、凍えさせ、士気を低下させ、厭戦気分を醸成することだ。その結果は、ウクライナ市民の抗戦意欲を高めただけで、ロシアが意図したウクライナの降伏にはいささかも結びつかなかった。

南西諸島防衛戦では大量のミサイルや無人機の集中攻撃も想定される。政府や地方行政府は、住民のパニックを防ぎ、住民が冷静に対応できるように、事前にあらゆる処置を講じる義務がある。住民の被害を最小限に抑えるため、可能なことは全て行なうべきだ。

日本国政府は、宮古島、石垣島、与那国島の各島に、住民避難のためのシェルターを構築する方針を明らかにしている。ウクライナの現状にかんがみ当然の措置だが、わが国の戦後の在り方からすれば画期的と言えよう。言葉だけではなく、早急な実現を強く求める。

確認しておきたいことがある。想定される南西諸島防衛戦すなわちわが国の「初戦」は、中国と日本の全面戦争ではないということ。日中双方に全面戦争の必然性はなく、また全面戦争を行なうことのメリットは何もない。中国の立場では尖閣奪取と台湾併合は不離一体だ。つまり日中間で武力衝突があるとすれば、中国軍の台湾侵攻作戦を構成する一局面での武力衝突（制限戦争）ということであり、個別にまたは同時に生起するであろう。

中国軍にとって2正面作戦が望ましくないことは当然で、先島諸島正面の戦闘は最小限に抑えたい。したがって、中国軍が本格的な着上陸作戦を試みる公算は、将来のことは予測しがたいが、近未来では極めて低いと考えられる。

国内戦に付随する諸問題は無限にあり、現実的な解決は極めて困難だが、政府が国民の意志を統一して、せめて事前工作で洗脳された国内世論が第一線部隊の足を引っ張らないことを切望する。相手から仕掛けられた戦争といえども、戦死傷者の発生は避けがたいが、民間人の損害は最小限に抑えたいものだ。

ロシア軍の侵攻から2年近く経過し、800万人超のウクライナ国民が国外に避難し、600万人余が国内で避難を余儀なくされている。国連の統計によると、700

0人以上の民間人が殺害され、それ以外に1万1500人が負傷している。わが国の「初戦」が切迫した場合、民間人の犠牲を避けるために、政府は手段を尽くして、予想戦場の島民を島外に避難させる必要がある。

お人好し日本人への警鐘がある。

中国軍が、平時から、政治工作の「三戦（輿論戦・心理戦・法律戦）」を着々と実行していることは周知の事実だ。また中国軍は、侵攻の初期段階で、認知戦（情報収集やインフラ・システムなどに対するサイバー攻撃、SNSを通じた偽情報の散布など）の行使による、住民のパニック状態の引き起こしを常套手段としていることを忘れてはいけない。

中国は「三戦」を「武力戦」とは峻別して、平時から縦横に駆使している。彼らには平時と戦時の区分はなく、両者を有機的一体の事象と捉え、武力行使に至らない段階（日本人が脳裏に描く平和イメージ）での「三戦」を重視している。

周知のように、中国はいわゆる「サラミ・スライス戦術」により、時間をかけて大きな戦略的変化へとつながる小さな行動をゆっくりと積み重ねてきた。南シナ海の岩礁に人工島を構築して軍事拠点としていることなどはこの典型例だ。尖閣周辺における海警の領海侵入や南西諸島での無人機による偵察、東シナ海わが国EEZ内へのブイ（浮標）設置などもこの一環だ。弱みを見せると徹底して付け込むのが彼らの常套《じょうとう》手段だ。

２０２３年7月23日、ニューヨーク・タイムズが、米国政府がグァムの米軍事基地コンピューターネットワークに**中国（中国人民解放軍所属のハッカー）のマルウエア（悪意のあるソフトウェアや悪質なコード）**が侵入した事実を確認し、探索・削除作業を始めている、と報道した。中国の台湾侵攻時に、マルウエアを通じて米軍基地の電力・通信・給水・輸送システムに障害を起こし、米軍の対応を妨害することが目的という内容だ。

台湾侵攻は宇宙／サイバー領域から始まるといわれ、グァムのマルウエアの例は、わが国も例外ではあり得ない。ニューヨーク・タイムズの記事は、事実のごく一部を発表したに過ぎなく、このような例が広く深く行なわれていることは想像に難くない。わが国も深刻に受け止め、徹底して対策を講じなければ、戦う以前に敗れるという悲惨な結果を招く。

ロシアは、ウクライナへの軍事侵攻に際して、ウクライナの通信網に対して大規模なミサイル攻撃とサイバー攻撃を同時に仕掛けた。ウクライナ政府は、これら妨害行動に自ら対処するとともに、米企業（イーロン・マスク氏創業の宇宙開発企業スペースX）に対して衛星通信サービス「スターリンク」の提供を要請し、同社から即座にサービス提供を受けている。

光ファイバーや携帯電話通信インフラが物理的・サイバー攻撃により切断されても、スターリンクのアンテナがあれば、ウクライナで無制限かつ遅延のないデータ接続が可能で、政府も市民も通信を使うことが可能だ。スターリンクは、ウクライナの重要インフラ事業者、政府、軍などから不可欠のツールとして重宝され、軍の無人機の運用などにも活用されている。

スターリンクがロシアへの攻撃（ドローンなど）に利用されるようになり、9月頃、「マスク氏がロシアへの攻撃に使用される可能性があるスターリンクシステムについて、ウクライナ側の要請を拒んだ」との報道があった。スターリンクの有効性には疑問の余地はないが、軍事作戦を民間企業のシステムに依存することの危険性は当然弁《わきま》えておく必要がある。民間企業への協力依頼も限界がある。

わが国の「初戦」は島嶼作戦が想定され、即応機動連隊の迅速な機動展開が作戦の成否を握る。このためには港湾、航空、輸送への火力（ミサイル／無人機攻撃など）とサイバー攻撃に対する抗堪力《こうたんりょく》、および指揮統制機能の確保が絶対に必要だ。

最近出版された『ウクライナのサイバー戦争』（松原美穂子著、新潮新書）は、これらを含めてウクライナのサイバー戦争の実相をリアルに伝えてくれる。サイバー戦争は戦闘開始と同時に始まるのではなく、平時から官・民・国内外の企業と一体となって対応すべきことだ。

日本国内の津々浦々で、「三戦」、「サラミ・スライス戦術」、「認知戦」、「サイバー戦争」が平和という糖衣《とうい》にくるまって浸透している。私たちは、中国の表面《おもてづら》だけではなく、その本質から目をそらせてはいけない。天安門事件（１９８９年６月４日）の直後、国際政治学者の高坂正堯《こうさかまさたか》が、中国は「孫子」と「三国志」と「韓非子」の世界であると再認識した、と語っているが、今日でも色褪せていない。

5、勝利と敗北の判定

当然のことながら、戦いには勝利と敗北があり、一方が勝者となり、他方が敗者となるのが常だ。スポーツ競技には「引き分け」という規定もあり、競技者がそれに従うことが前提となっている。だが、戦争にはそのようなルールはない。

勝利と敗北の判定には戦略／作戦レベルの「鳥の目」と戦術レベルの「虫の目」が必要だ。秋山真之が「敗クルモ目的ヲ達スルコトアリ。勝ツモ目的ヲ達セザルコトアリ。真正ノ勝利ハ目的ノ達不達ニ存ス」（天剣漫録）と明言しているように、勝敗は目的を達成したか否かで判定することが戦理（兵理）に適《かな》っている。

第4次中東戦争（1973年10月）におけるエジプト軍の戦いは「敗クルモ目的ヲ達スルコトアリ」の典型例だ。当時のエジプトは、長年の対イスラエル戦争のために国家経済が疲弊《ひへい》し、自国の防衛をソ連軍に依存せざるを得ない状態だった。

サダト大統領は、イスラエルとの戦争状態を終わらせ、最終的に和平条約を締結することを目的とする「限定戦争戦略」を創造した。大統領は「初戦の勝利が戦争全体を支配する」との信念を抱き、開戦と同時にスエズ運河渡河の奇襲作戦を断行して、イスラエル軍をシナイ半島の奥に押し込んだ。対イスラエル全面戦争ではなく、シナイ半島の「限定目標の攻勢作戦」だった。

スエズ運河を渡ったエジプト軍は、最終的にはイスラエル軍の反転攻勢で敗北するが、初戦の鮮やかな勝利（意表を突く放水による堤防突破および渡河後の斬新な対空／対機甲戦闘）が功を奏して、米国の仲裁（キッシンジャー国務長官）を引き出し、イスラエルとの和平およびシナイ半島の返還を達成し、さらにソ連のくびきから脱することができた。戦場での戦いには敗けたが、究極の政治目的を達成できた。（※野中郁次郎他共著『戦略の本質』参照）

わが国が台湾有事に連動して南西諸島で「初戦」を戦うと仮定すると、「初戦」の目的は「国土を中国軍に占領させない」ことであり、これを具体化した「中国軍の国土への上陸阻止」が南西諸島防衛作戦の作戦目標となる。

目標（Objective）は理想や願望ではない。明確に定義され、決定的でかつ達成可能でなければならない。確立した目標に対して最大限の努力を結集し、あらゆる妨害を排除して、強烈な意志をもってあくまでこれの達成を追求しなければならない。

抑止が破綻した場合、激烈な戦闘が想定され、最終的に外交交渉という形で「初戦」が終了することになろう。この場合、「国土を中国軍に占領させない」という「初戦」の目的を達成すればわが国の勝利と言える。

ただし、この場合でも、戦場となった国土に残る被害・損害は莫大なものとなり、苦い勝利とならざるを得ない。惨敗という言葉があるが、あくまで目的を達した「惨《ざん》勝《しょう》」という勝利もある。

たとえ「惨勝」であっても、太平洋戦争惨敗後における7年間に及ぶ米軍占領政策のくびき——巧妙に押し付けられ日本改造計画による広範囲の洗脳——から脱却できる機会となれば、国家百年の大計から歓迎すべきであろう。少なくとも「自分の国は自分たちが守る」という国家存続の基盤を確認できる契機にはなる。

被害・損害を最小限にして勝利することが望ましことは理想論であるが、これを達成することは至難の業と言わざるを得ない。最悪の場合は、「初戦」に敗北して国土の一部を占領されこともあり得るということだ。

このようなことを考えると、国際社会を動かすなどあらゆる手段を講じて、台湾有事を抑止して「初戦」となる事態を避けることが、国家としての最大かつ喫緊の命題だ。わが国としては、中国軍の陸上戦力をわが領土（無人島を含む）に上陸させない態勢を、万難を排して早急に確立することだ。

●「初戦」の日本的風景

太平洋戦争の敗戦から4分の3世紀が経過、この間わが国は平和を謳歌、国家も国民も「初戦」とは無縁だった。今日のわが国周辺の情勢にかんがみ、近い将来、わが国が「初戦」に際会する可能性がかなりの確率であり得るであろう。この「初戦」をどう迎えるか、特段に悩ましい問題だが、「初戦」の日本的典型例と言える2つの事例から考えてみよう。

1、日露戦争（1904～5年）の鴨緑江《おうりよっこう》会戦。

1960年代末期、陸上自衛隊の戦術初学者（青年幹部）を対象に出版された『戦理入門』（田中書店版）の冒頭に次のようなエピソードが紹介されている。※旧陸軍は「初戦」の代わりに「緒戦《ちょせん》」という用語を使用した。

日露戦争の緒戦である鴨緑江の渡河攻撃を計画するに当たり、第1軍司令官黒木為楨大将が、部下参謀を集めて行なった訓示の一節に、「第1軍の作戦特に緒戦の作戦については、後世の史家が一点の非難も打ちえないようにしないと武士の一分が立たない。……これ程周密に、また合理的に計画したのであるから、万一の事があっても遺憾はない、それは天命である。……と後に歴史を繙く人が判断するように十分理を尽くして働いてもらいたい」と述べられている。

明治37年（1904）5月1日払暁、120ミリ榴弾砲12門の攻撃準備射撃の後、第1軍（3個師団）が攻撃を開始、9時頃に右岸一帯の高地を占領、午後2時頃九連城西方の高地に配備していたロシア軍を撃退、夕刻には第12師団と近衛師団の一部がロシア軍後衛を包囲殲滅した。黒木第1軍は、わずか1日で鴨緑江渡河に成功、国境のロシア軍陣地を突破して満州進出の橋頭堡を確保した。日本軍勝利の最大要因は、攻撃準備の周到と砲兵火力の優越だった。

黒木《くろき》為楨《ためもと》大将は、サムライ上がり（薩摩藩士）の軍人で、幕末の薩摩藩兵学寮で英国式兵学を学んだが、士官学校や陸軍大学校など正規の軍人教育とは無縁だった。若いころから鳥羽伏見の戦い、戊辰戦争、西南戦争、日清戦争などに身を投じ、実兵指揮を通じて鍛え、日露戦争の勝利に貢献した軍人として知られている。

黒木大将は初戦の重要性を誰よりも知りつくし、参謀に「後世の史家が一点の非難も打ちえない」作戦計画の策定を要求した。当時の軍司令部には、陸軍大学校（明治16年開設）で近代戦術を学んだ参謀長と参謀将校がすでに配置されていた。軍司令官も補佐する参謀も、共通して、武士道の精神が血肉となっていた。

武士道は武家の子どもたちの躾《しつけ》で、庶民の家庭にまで浸透し、日本人の道徳心のバックボーンとなっていたものだ。新渡戸稲造《にとべいなぞう》が英文で出版した『武士道』（1899年）の序文で、「武士道は道徳的原理の掟《おきて》であり、武士が守るべきことを要求されたもの、もしくは教えられたものである。……一言でいえば武士の掟すなわち武人階級の身分にともなう義務（ノブレス・オブリージェ）である」とその本質を明らかにしている。

西洋の貴族／わが国の武士階級は、国家の危機に際して、戦場で国民のために戦って貴族／武士の義務（ノブレス・オブリージェ）を果たした。日露戦争当時の指導者

（政治家、官僚、軍人、学者など）は国家勃興期のエリートで、「武士の一分」はその精神を象徴している。

2、ガダルカナル島作戦（1941年8月〜42年2月）

日露戦争38年後の1941年8月7日、米第1海兵師団（1万3000人）が、突如、日本軍が飛行場を建設中だったガダルカナル島に無血上陸した。米軍上陸の報告を受けた大本営陸軍部（参謀本部）は、ミッドウェー作戦失敗後に本土に帰航中だった一木支隊（ミッドウェー島上陸予定部隊、2000人）に、急遽、ガダルカナル島奪回を命じた。

ガダルカナル島は本土から6000キロメートル、根拠地のラバウルから1100キロメートル、攻勢終末点をはるかに超え、軍事常識では作戦自体がきわめて困難なことは自明の事柄だ。大本営陸軍部の頭脳であるべき参謀本部作戦課は、米軍のガ島上陸を偵察行動/飛行場破壊行動とみなし、上陸米軍を弱兵と決めつけ、作戦を論理的に構想することなく、いわばその場の思い付きで、一木支隊にガダルカナル島奪回を命じた。

作戦の「初戦」を担った一木支隊は、8月21日、イル川河口付近で米軍の圧倒的な火力に叩かれて全滅した。陸軍はその後も川口支隊（5400人）、第2師団（1万7500人）、第38師団の一部（7600人）などを逐次に投入、この間、陸・海・空部隊はバラバラに戦い、航空機、パイロット、艦船を大量に喪失し、ガ島進出部隊は補給が途絶して多数の餓死者を出すに至った。戦死傷者（餓死者を含む）約2万人、航空機約850機の喪失、艦船56隻の沈没だった。

ガダルカナル島作戦の顛末《てんまつ》と教訓は、『失敗の本質』（野中郁次郎他共著）に語りつくされている。太平洋戦争時の参謀本部作戦課の参謀は、「エリート意識が先行して、武士の一分などはみじんもなく、後世の史家が一点の非難も打ちえない」作戦計画を、周密に、合理的に策定する気概も能力も欠いていた。

参謀本部情報部が『敵軍戦法早わかり（米軍ノ上陸作戦）』（全9章、81ページ、付表11、付録1）を概成したのが昭和19年5月、第一線部隊に配付したのはサイパン島陥落後の同年10月だ。米軍がガダルカナル島に上陸した当時、参謀本部情報部には米軍戦法を研究する部署もなく担当者もいなかった。つまり、ガダルカナル島作戦の「初戦」は米軍に完全に奇襲された不期遭遇戦だった。（※堀栄三著『大本営参謀の情報戦記』を参照）

※『敵軍戦法早わかり（米軍ノ上陸作戦）』は公刊戦史にも未記載だが、臼井総理

氏が「版元ひとり」から復刻出版している。貴重な資料であり、関心のある人はぜひ購読されたい。

さて、私たちは、今、新たな「初戦」に際会しようとしている。

南西諸島において想定される「初戦」は予期遭遇戦となり、最低限でも一方的に奇襲される事態は避けることが可能だ。間違っても「初戦」に敗れたのちに『敵軍戦法早わかり（米軍ノ上陸作戦）』が配付されるようなことはないと確信する。防御の利点〝待ち受けの利〟を最大限発揮できれば、成算はあるのではないか。

戦前の戦争指導と異なり、シビリアン・コントロールのもとで、国家安全保障会議（ＮＳＣ）、事態対処専門委員会、国家安全保障局（ＮＳＳ）が一体となって対処方針を案じ、首相が決断して、最高指揮官として自衛隊に作戦の実行を命ずる、という体制は整っている。

「初戦」を戦うのは陸海空自衛隊の部隊／隊員たちだ。かつて小さな歯車として部分を担った筆者としては、現役の部隊／隊員は十分戦える練度に達していると信じ、同時に期待し、またそうあってほしいと祈るような心境だ。

部隊は指揮官の能力以上の力量は発揮できない、というのが古今東西の冷厳な事実だ。「初戦」では、統合部隊司令官はじめ各級指揮官の能力が具体的に試され、人材育成／装備開発／部隊練成など戦後の国防政策の全てが戦闘場裏で検証される。

問題は、シビリアン・コントロールの司令塔となる政治家がノブレス・オブリージェを発揮できるかだ。本稿執筆時の「4大臣会合」のメンバーの顔触れ——首相、官房長官、外相、防衛相——を見て、わが国の戦争指導は万全だと確信できるか？　唯一無二の決定者である首相に、国家の命運を担うという腹が据わっているか、と再度問いたい。

●望ましい「初戦」を求めて

太平洋戦争開戦劈頭《へきとう》（1941年12月8日）の真珠湾攻撃は、戦術的には軍事史上に特筆される完璧な奇襲だった。だが、戦略的には米国の第2次大戦参戦の引き金となり、ひいてはわが国の無条件降伏（1945年8月15日）に至る遠因となった。「初戦」の勝利が必ずしも戦争の勝利に結びつかない典型例だ。

真珠湾奇襲攻撃の成功は、端的に言えば、米海軍太平洋艦隊の油断（「警戒の原則」のゆるみ）だった。日本海軍は準備に万全を期し、企図を徹底して秘匿、あえてリスクをおかし、乾坤一擲《けんこんいってき》の勝負に出たことが功を奏した。つまり、戦争を仕掛ける側が、準備を周到にして、相手の準備未完に乗じて奇襲すると、「初戦」に勝利する確率が高いということだ。

本章で不期遭遇戦と予期遭遇戦に言及したが、真珠湾における米海軍の「初戦」敗北は不期遭遇戦の典型だ。日本軍のガダルカナル作戦の「初戦」失敗も同様で、準備不足以前の敵を知らない状態での不期遭遇戦だった。同じ敗北でも、米海軍には失地を克服できる回復力があり、日本軍にはその余力がなかった。

今日、わが国が際会する可能性がある「初戦」は、相手国も予想戦域もおおむね特定できる。つまり、不期遭遇戦という最悪の状況ではなく予期遭遇戦としてある程度事前に準備して対応できるということだ。ただし時期は相手国指導者の胸三寸による。いずれにせよ、完璧な奇襲を避け得ることは不幸中の幸いだ。

では、「初戦」を勝利で飾るためには、どうすればよいのか？

第３章で取り上げるベトナム戦争惨敗後の米陸軍の「再生と再建」はその好例だ。**「機械よりむしろ理念と人へ」**が**再生のコンセプト**、**「初戦で勝利する陸軍」**が**再建のコンセプト**。この革新的事業を担ったのが新設機構すなわち訓練教義コマンド（トラドック）だった。

トラドックは、兵員の募集／人材の育成（基本教育）／ドクトリンの開発／実戦的訓練の推進（錬成訓練）／装備開発／編成などを一元的／総合的に担う、文字通り近代陸軍再建のエンジンだ。米陸軍はトラドック司令官（大将）に強大な権限を与え、歴代司令官もこれに応え、「初戦で勝利する陸軍」を見事に再建して、湾岸戦争での100時間地上戦の勝利として開花した。

米陸軍は、ベトナム戦争からの撤退後、「なぜベトナム戦争に負けたのか」という研究を徹底して行ない、その成果を戦争指導（ワインバーガー・ドクトリン）や訓練教義（エアランドバトル・ドクトリン）として結実させている。わが国は、今日に至るも、太平洋戦争になぜ負けたのかという国家レベルの総括を行なっていない。

自衛隊が「初戦」に勝利できる体制を作ることは可能だ。最大の課題は、築き上げた力量を戦場で十全に発揮できるかだ。海／空自衛隊の戦域は比較的制約が少ないが、国土で戦う陸上自衛隊は、国内法の規定により、戦闘時に必要とされる作戦行動の多くが制約される。つまり、現状のままではまともな軍事行動がほとんどできないということ。

最悪の場合は、予想戦場に配置された部隊は、必要な陣地の構築や障害物の設置なども実施することもできず、全身を敵弾に暴露したまま戦わざるを得ない。これは犬死以外の何物でもない。私有地などに陣地を構築すれば法律違反となり、これを命じた指揮官は罪を問われることになる。「こんなバカなことが……」と思われるが、これがわが国の現実なのだ。

ウクライナ戦争は、各種ドローンが現代戦に必須の装備で、状況によっては戦局を左右する可能性があることを示唆している。対ドローン戦（対空戦）およびドローンの各種運用（偵察、攻撃など）訓練は喫緊の課題だ。今日のわが国では、「航空法」の規制に縛られて、自衛隊のドローン訓練もまともに行なうことができない。一事が万事、わが国の法体系の融通性のなさは、国防努力の足を引っ張るためにあるのか、と疑問視せざるを得ない。

武力行使には「ポジティブリスト」と「ネガティブリスト」の2つのルール（権限規定）がある。**ポジティブリストは「原則禁止、一部許可」、ネガティブリストは「原則許可、一部禁止」**という法制だ。一般常識では警察がポジティブリスト、軍隊はネガティブリストだ。わが国政府は「自衛隊法は『ポジティブリスト』であると認識している」と答弁している（2014年6月3日）。自衛隊の武力行使は警察と同じルールということだ。

つまり、自衛隊は、作戦遂行時に、法律に書いてあることしか行なえないということ。ＰＫＯ（平和維持活動）レベルではＲＯＥ（交戦規程）で具体的に律することは可能だが、通常の作戦に必要とされる全てのことをＲＯＥや法律に書くことは不可能で、現実には作戦部隊は何もできないということになりかねない。世界中のいかなる軍隊も「ネガリスト」で、法律に書いてある（禁止されている）こと以外は何でもできる、という考え方だ。

自衛隊の行動をがんじがらめに縛ることがシビリアン・コントロールと曲解、過剰な平和思想の下での自縄自縛を生んだのではないか。「初戦」があり得る今日、前例踏襲を放棄して、**ネガティブリストへ転換を決断、市民への加害、捕虜虐待など国際法禁止事項以外の行動は可能**、にすべきと声を大にしたい。

部隊配備や装備取得にいくら予算をつけても、自衛隊が現実的な作戦を実施できないのであれば、南西諸島の防衛などは絵に描いた餅だ。真の抑止力を構築するためには、ハード／ソフトを一体として整備しなければ意味がない。

有事になれば、関係法令をまとめて一気に成立させるという考え方もあるようだが、まさに泥棒に入られてから縄を編む行為（泥縄）だ。現場では、法律を変えたからさあやれと言われても、そんな器用なことはできない。政府が「初戦」があり得ると真剣に考えるのであれば、武力行使の権限規定および作戦行動を制約するすべての法律の該当条項を改正、早急に成立させ、国民、自治体、自衛隊などに周知徹底することが不可欠だ。

そもそも、国家が軍隊／軍人と認知しない自衛隊／自衛官に、死を賭して防衛出動を命じることほど不条理なことはない。有事に部下に直接死を命じる指揮官を経験した者として、平時には表出しない最大の悩みは、軍隊として正式に認知されていない自衛隊指揮官がくだす命令に「正統性があるのか」であった。

見通せる近い将来では憲法は改正されないだろうが、最低限、戦場における自衛隊の行動は一片の制約／疑念ないようしてもらいたい。昨今、わが国の防衛体制も幅広く論じられるようになったが、防衛費や装備開発／取得の範囲にとどまり、本質的な問題はスルーされ、あくまで眼前の火消し、その場しのぎの対応に過ぎない。

想定される南西諸島での「初戦」は、中国軍の攻撃すなわち電磁波／サイバー攻撃、各種ミサイルを含む航空攻撃、強襲揚陸艦からの着上陸攻撃などが、各別にまたは同時に行なわれるであろう。対応するのはあくまで陸海空自衛隊で、中国軍が戦術核兵器の使用などで威嚇する場合は、米軍の核抑止力に依存することになろう。

既述のように、わが国の軍事作戦の目標は「中国軍の着上陸の拒否」で、航空攻撃などによるある程度の損害は許容せざるを得ない。しかしながら、中国軍の陸上戦力の着上陸は絶対に許してはならず、万が一上陸された場合はありとあらゆる手段を講じてこれを排除しなければならない。「初戦」に至らないことがベストであることは言うまでもないが……。

反復するが、**「人間の支配であり、またその手段としての陸地の支配」を担う陸上戦力が、わが国土を守り抜く〝最後の砦〟**であることを重ねて強調しておく。このためには、島嶼に配置される部隊の適正な軍事行動が国内法の過度の規制によって制約されてはいけない。政府・防衛当局は、せめて法制の問題点だけでも早急に解決して、第一線で死を賭して戦う部隊の精神的／物理的負担を解消すべきだ。

戦後の平和主義への過剰な適応と政治家の不勉強が、政府の無為無策をよび、結果として自衛隊第一線部隊／隊員の犬死を生み、「初戦」に敗北をもたらし、国土の喪失を招くのであれば、首相はじめ政治家は万死に値する。このような国家は国際社会の中で軽んじられ、軽蔑され、もはや先進国（一流国家）とみなされることはないであろう。

●補遺——新たな戦争（紛争）の勃発

ウクライナ戦争勃発以来６００日を超え、未だその終焉が見えない段階で、中東の火薬庫で新たな戦争（conflict：紛争）が始まった。状況の進展次第では第５次中東戦争へ発展する可能性もある。世界的に武力使用の垣根が低くなり、中国軍による台湾への軍事侵攻が一層現実味を帯び、わが国が「初戦」に際会する蓋然性が一段と高まった。

第4次中東戦争から50年後の2023年10月7日、パレスチナ自治区のガザ地区を実効支配するイスラム解放運動ハマス（イスラム原理主義組織）の軍事部門（アル・カッサム旅団）が、大量のロケット弾発射と同時に陸／海／空からイスラエル南部各地に侵入、前例のない大規模な奇襲攻撃（作戦：アクサーの氾濫）を敢行、多数のイスラエル人を殺傷（死者数1400人超、大半が民間人）、約240人（外国人を含む）を拉致《らち》してガザ地区に連行した。

ハマス戦闘員の侵入は、ブルドーザーで境界線上の金網を破壊して地上から、パラグライダーに乗って空中から、またボートに乗って海上から行なわれた。世界最強と言われるイスラエルの情報機関モサドも「アクサーの氾濫」を事前に察知できず、結果として完璧な奇襲となった。

イスラエル軍はなぜ奇襲され初動対処が遅れたのか？

10月7日はユダヤ教祝日シーズン最後の土曜日（安息日の休日）で、軍人を含む多くの市民が休暇を過ごしていた。第4次中東戦争開戦時（1973年10月6日）、エジプト軍／シリア軍はユダヤ教の祝日に合わせてイスラエル軍を奇襲した。今回のアル・カッサム旅団の攻撃も同様の手法を採用したようだ。

奇襲されたイスラエルは、即座に、戦闘機、ドローン、砲兵部隊でガザ地区を空爆／砲撃して報復／反撃、戦時内閣を発足させ、宣戦布告し、予備役36万人を動員し、陸上部隊をガザ地区境界付近（アシュクロン郊外）に集結させて地上侵攻の態勢を整えた。この大規模動員は、ガザ地区への地上侵攻のみならず、**ヒズボラ**（**レバノンのシーア派イスラム主義の武装組織**）のイスラエルへの侵攻対処をも想定していたであろう。

イスラエル政府は「ハマスを壊滅し、**ハマスのガザ地区支配を終わらせる**」（**戦争目的**）と明言している。後に「人質全員の奪還」を追加している軍事目標は「ハマス軍事部隊の撃滅およびガザ地区の占領」となろう。戦争勃発1カ月後、イスラエル軍はガザ地区北部を完全に包囲、機動戦ではなく、空爆と地上部隊により地下に潜むハマスの部隊との戦いを続けている。

イスラエルとハマスは11月24日から1週間戦闘を休止（一時停止）、ハマスは１０５人の人質を解放し、イスラエルは収監していたパレスチナ人２４０人を釈放《しゃくほう》した。国際社会は休戦のさらなる延長を期待したが、12月1日に戦闘が再開された。

なぜイスラエル軍はガザ地区侵攻にこだわるのか？　人間と土地を支配する「**陸上作戦の本質的役割**」がその答えだ。

イスラエルの領域内には、イスラエルの占領下にあるパレスチナ自治区（ヨルダン川西岸地区・ガザ地区）が存在する。西岸地区はパレスチナ自治政府（アッバス議長）が統治し、自治政府はイスラエルの存在を認め、またイスラエルもパレスチナ自治政府を認めている。両者は厳しく対立しているが、お互いに併存が可能な関係を模索していると言えよう。

ガザ地区はパレスチナ自治政府の一地区だが、人間と土地を実質支配（政府としての機能）しているのはハマスだ。イスラム原理主義国イランの強力な後押しを受けるハマスは、イスラエルという国家の存在を否定し、イスラエルと常時戦争状態にある。つまり、ガザ地区はパレスチナ自治政府の統治が及ばない――イスラエルの領土内にありながらイスラエルの統治が及ばない――独立的な地域となっている。

わが国固有の領土である北方4島と竹島同様、ハマス（軍事部門）がガザ地区を支配する限り、イスラエル国内におけるガザ地区の独立的な地位は変わらない。歴史的背景、国際関係、主義主張、正義／不正義などは脇に置いて、あくまで純理論的には、陸上作戦の本質的役割からイスラエル国防軍（ＩＤＦ）のガザ侵攻は〝戦理〟に適《かな》っている。今回の「アクサーの氾濫」は、戦術的には大成功だったが、イスラエルにガザ侵攻のまたとない口実を与えた。

戦場が無住の地（湾岸戦争がその一例）であれば、軍隊同士の戦いで済むが、ウクライナやイスラエルのような場合、住民に多大の被害が及ぶことは避け難い。戦争勃発3カ月後の1月上旬頃、ガザ地区の死者は2万人（ハマス当局発表）を超えた。

国際平和と安全保障の守護神であるべき国際連合の機能不全は目を覆うばかりだ。イスラエル－ガザ戦争の帰趨は予断を許さないが、戦争の発生を自《みずか》ら抑止することの重要性が、限りなく高まったことは否定できない。

（本章は、拙著『戦術の本質【完全版】』〈SBクリエイティブ株式会社〉の「特別付録」と「特典」をベースに、加筆、訂正、削除を経てまとめた）

第2章　「初戦」に敗れた3つの戦例——米国の過酷な道のり

●初戦に弱かったアメリカ合衆国陸軍

アメリカ合衆国陸軍（以下米陸軍と略称）が過去の戦争の初戦（ファースト・バトル）で勝利した例はほとんどなく、第1次湾岸戦争（1991年2月）の初戦＝戦争の勝利となる地上戦（「砂漠の嵐作戦」第4段階の100時間勝利）は特段に際立っている。

アメリカ合衆国（以下米国と略称）は、建国以来伝統的に大規模常備軍を嫌い、主要な戦争が終わるとすみやかに動員を解除した。第1次／第2次大戦のように勝利の高揚感にひたって戦争が終わった場合も、また朝鮮戦争のように決着がつかない紛争の終結により戦争から解放された場合も、国家も国民も次の戦争はもう起きないと信じる傾向が強かった。

動員を早期に解除した結果は最悪で、軍隊本来の使命である次の戦争への備えが劇的に低下した。それは1812年戦争(米英戦争・独立戦争)から朝鮮戦争(1950年)のスミス支隊まで例外はほとんどなかった。

この結果、米陸軍兵士は初戦で敵に圧倒され、裏をかかれ、そして打倒された。彼らは時間の経過とともにやがて勝利するようになるが、この間に払った血の代償は甚大だった。戦場で血を流して戦い方を学ばざるを得なかったからだ。

本章の戦例として、過去の失敗から学ぶという観点から、『アメリカ陸軍の初戦』(Charles E. Heller／William A. Stofft 編集『Americas First Battle 1776–1965』)を参考にしながら、第2次大戦(カセリーヌ峠の戦い)、朝鮮戦争(スミス支隊の応急出動)、ベトナム戦争(イア・ドラン渓谷の戦闘)の3つの初戦を取り上げる。

本書『アメリカ陸軍の初戦』は、独立戦争の初戦「ロング・アイランドの戦い」(1776年)から、ベトナム戦争の初戦「イア・ドラン渓谷の戦い」(1965年)まで、建軍以来の10回の初戦すなわちファースト・バトルを対象としている。

同書は、1984年、フォート・レブンワースの指揮幕僚大学で作成され、高級リーダーたちに痛烈な衝撃を与えた。その理由は、本書の最終章で、米陸軍の兵士たちが直感的に感じていたある事実を結論づけていたからだ。

その結論によれば、米陸軍があらゆる戦争において初戦で失敗した原因は、兵士の準備不足のためではなく、高級指揮官つまり軍団長や師団長が大部隊を指揮・統制できるだけのレベルに達していなかったからだ、と断言している。

★カセリーヌ峠の戦い――第1機甲師団の初戦

●第1次大戦後の衰退／怠慢／沈滞

1939年9月、欧州で第2次大戦が勃発したとき、米陸軍は近代戦遂行能力がなかった。1920年代から30年代にかけて、軍隊は衰退、怠慢、沈滞におおわれ、兵力の減少だけではなく、軍隊としての機能発揮能力は衰える一方だった。

第2次大戦勃発当時、米陸軍は前大戦末期の1918年の戦闘スタイルから一歩も前進していなかった。両大戦間の国防予算の緊縮、平時兵力（常備軍、州兵、陸軍予備）の縮小、部隊の分散配置などが原因で、訓練（各個訓練・部隊訓練・コンバインド・アームズ訓練）、野戦における戦闘手順の確認／徹底、空地共同の促進、上級将校に対する大部隊運用経験の付与など、次の戦争に備えた実戦的訓練は皆無だった。

当時の米陸軍はなお深刻な兵員不足と装備不足の状態、時代遅れの兵器で旧式の訓練を実施、世界の陸軍の中で1933年以来規模的に17番目のランクだった。39年の常備軍の実兵力は19万人以下、130カ所の分屯地、駐屯地、基地などに大隊単位で分散配置されていた。

米陸軍のドクトリンは両大戦間ほとんど変化しなかった。静的戦闘よりはむしろ動的戦闘を好み、歩兵主体の小銃と銃剣による格闘技量と突撃を重視、前進する歩兵がローラーのように敵を撃破することが戦闘に勝利する鍵だった。当時、機関銃、兵員輸送車、戦車、飛行機、その他の新規装備が出現していたが、小銃が依然として最も重要な兵器だった。

1936年に11万人で構成されていた常備軍は重要資材を欠き、ベルサイユ条約の軍備制限下にあるドイツ軍以下に自らの軍備を自縄自縛していた。陸軍省は1932年に4個野戦軍を創設したが、単なるペーパー上での存在だった。

1939年9月1日マーシャル大将が陸軍参謀長に就任、陸軍の拡大と近代化に邁進するも、それは一夜では不可能だった。第1次大戦後の怠慢のツケは、43年2月のチュニジアでの一連の戦闘——カセリーヌ峠の戦い——で明らかになる。

●停滞の中でも次代を担う人材の芽は育っていた

1939年までに、陸軍は大規模演習の実施要領を決定的に忘れ去り、大隊以上の部隊を運用できる将校がほとんどいなくなった。各兵種実施学校（歩兵学校など）の将校課程の教育（小隊長・中隊長養成課程）は全体的にステレオタイプだった。

このような風潮の中でも、少壮将校――察するに彼ら世代の最優秀者――は、同志的な集まりでディスカッションを重ねて最新の軍事知識を学んでいた。閉塞状態の中でも、次の時代を担う人材の芽は育っていたのだ。何もかも沈滞していたわけではなく、国軍の将来を担う人材の育成は深く静かに進行していた。

指揮幕僚大学（**コマンド・アンド・ゼネラルスタッフ・カレッジ**）の2年間の課程では「自ら学び自ら考え」軍事的な問題を解決することを強調した。実行面では主導性や独創性は閉塞状態だったが、思考することを身に付けた将校が育っていた。指揮幕僚課程で学んだ将校があらゆる司令部や部隊に目立たないが存在していた。

陸軍戦略大学（**アーミー・ウォー・カレッジ**）は軍人と文官の専門家が講義し、学生自ら読書し研究することを奨励し、学生に、歴史と理論に基づいて、個人や委員会として、多かれ少なかれ現実的な問題解決を促した。教育課程最終段階の現地研修で、軍、軍団、師団の作戦（大部隊の作戦）の実態を現地で確認するために、バージニア州やペンシルバニア州の南北戦争の主要戦場を現地訪問し、過去に学ぶことに根強い関心を示した。

マックネア准将は、1936年から、当初フォート・シル（野戦砲兵学校副校長）で後にフォート・レブンワース（指揮幕僚大学校長）で、4単位制師団から3単位制師団への移行の青写真を完成した。師団の機動力と柔軟性を確保するだけではなく、軍団と軍司令部直轄部隊と支援部隊の要員を捻出することをも狙っていた。

古参将校が年功序列の特権で要職に就き、彼らの多くは熱意と根気を欠き、第1次大戦の結果に満足しており、思考は鈍重で保守的だった。その一方で、戦争術を学び、軍事雑誌／軍事書籍を読破し、自主的に次の戦争への備えを模索していた少壮将校グループがあった。スケルトン状態の無気力な陸軍で服務していた彼らの多くが、1940年代に卓越した行政管理者やリーダーとして頭角を現し、第2次大戦間に重責を担って偉大な成果を挙げたのだ。

●器だけで中身が空っぽの機甲軍を創設

1939年9月1日、ドイツ軍がポーランドに侵攻した。

この日マーシャル大将が合衆国陸軍参謀長に就任した。マーシャルはただちに古参将校の退役、不適格者の配置換え、若手実力者を枢要な地位に抜擢する人事を断行した。抜擢人事の典型例はドワイト・D・アイゼンハワーだ。

彼は、第1次大戦後16年間少佐の階級に留まり、1936年にようやく中佐に昇進。第2次大戦勃発後の抜擢人事で異例の昇進を重ね、連合国遠征軍最高司令官（1942年）、陸軍参謀長、NATO軍最高司令官を歴任、1953年に34代大統領に就任し2期務めた。平時体制から有事体制への鮮烈な転換は、米国式マネジメントの最たるものだ。

ドイツ軍がポーランドに侵攻した1週間後、ルーズベルト大統領は、常備軍を22万7000人、州兵を23万5000人へと増強し、志願兵で構成する予備軍団を動員した。陸軍省は、マックネア計画に則って、歩兵師団の規模を縮小して4単位制から3単位制――各3個大隊から成る3個歩兵連隊――へ再編成した。

陸軍省は、師団の再編成で生じた余剰人員を常備軍と州兵に再配置し、また野戦軍団の欠部門に充当した。この結果、米陸軍は野戦軍レベルの機動演習の実施が可能になり、1940年春には、1918年以来初めて完全編成の野戦軍団による機動演習を実施した。

１９４０年４月／５月に実施したジョージア州およびルイジアナ州での機動演習は、新制式の軍団司令部による３単位制師団運用の実験だった。同時に、第７機械化騎兵旅団と臨時自動車化戦車旅団（歩兵科所属）が一体となって、即席の機甲師団を編成した。

ドイツ軍は静謐だった西方戦線で、突如、電撃作戦を開始した。１９４０年５月10日、10個装甲師団を先頭に西方への進撃を開始した。５日間でオランダを、18日間でベルギーを降伏させ、５週間でフランスの首都パリを陥落させた。

ドイツ軍の電撃戦は米陸軍省を震撼《しんかん》させ、ある種の敗北感と無気力を抱かせ、米国の戦争準備に一段と拍車をかけた。ドイツ軍の戦車を止めるには、どうすればよいのか？　マーシャル参謀長は、この課題に対して、２つの挑戦的な決断を下した。

第１が、ドイツ軍機動部隊と対等に戦える機甲軍（the Armored Force）の創設だ。

１９４０年７月、チャフィー准将の指揮下で機甲軍が発足した。第１機甲軍団は２個師団（第１／第２機甲師団）から成り、早速実戦化へ向けて訓練を開始した。

機甲師団は当初偵察大隊と機甲旅団の編成で発足した。後に、２個軽戦車連隊（37ミリ砲）、中戦車連隊（75ミリ砲）、歩兵連隊（２個大隊）、野砲連隊、独立野砲大隊、工兵大隊、通信隊、補給隊、衛生隊に改編された。１９４０年７月15日、第１機甲師団が常備軍の兵士によって動員され、その後徴集兵で増強された。

第2が、ドイツ軍が集中運用する戦車を止めるために、「攻撃的な性格を備えた対戦車防御力」を実現することだった。陸軍省は、ドイツ軍戦車集団を止めるために、「対戦車」という受動的な意味と対極にある、攻撃的な防御力を意味するタンク・デストロイヤー（以下ＴＤと略称、部隊名は駆逐戦車部隊）を創造した。

野戦砲と運搬車と無限軌道を一体化したＴＤは、攻撃精神を体現し、火力と機動力を発揮して敵戦車を撃破することが狙いだった。アイディアは卓抜だったが、その実力は戦場の現実からはるかに遊離していた。

ＴＤは4分の１トン車またはジープに37ミリ砲を搭載することから始まり、半装軌車（ハーフトラック）に75ミリ砲を搭載、その後戦車に類似した車両に57ミリ砲、やがて75ミリ砲、76ミリ砲、最終的には90ミリ砲を搭載した。だが、応急的に半装軌車に搭載した75ミリ砲は１８９７年型で対戦車砲ですらなかった。

第１機甲軍団（第１機甲師団、第2機甲師団）は１９４１年9月にルイジアナ機動演習に参加した。この演習は40万人の兵士を巻き込み、野戦軍を他部隊と戦わせ、機甲部隊と空挺部隊が重要な役割を演じ、１０００機以上の飛行機が参加するという、空前絶後の規模の演習だった。

ルイジアナ機動演習の狙いは大部隊による戦闘、自動車化／機械化手法の実験、空地協同の促進、患者後送、爆破、偵察、情報活動の実行だった。合計865両の戦車・装甲偵察車に対して、4320門の各種火砲が対戦車手段として対抗した。だが、全参加部隊の定員と兵器が著しく不足し、結論を抽出し、ドクトリンに明文化できるような成果は皆無だった。

機甲師団の現状は明らかに改善が必要だった。1941年8月1日にデバース少将が機甲軍のトップに就任した。砲兵出身のデバースは火力を強化し、第1機甲軍団を指揮するパットン少将は機動力を強調し、両者相まって火力と機動力のバランスがとれた機甲師団となった。

機甲師団の兵員数は合計1万4620人、編成装備表ではキャリバー30カービン銃、自走／牽引対戦車砲、105ミリ自走榴弾砲、60ミリ／81ミリ迫撃砲、軽／中戦車、装甲偵察車、半装軌車を装備したが、現実は大半の装備が欠だった。

●準備不足のまま第2次大戦に突入

ドイツ軍の1940年春期作戦（デンマークと西部ヨーロッパ）の後、米国大統領は常備軍を28万人に、後に37万5000人へ増強した。9月に、議会の承認を得て、常備軍を58万人に拡大、27万人の州兵を動員して1年間連邦軍に編入した。同月の選抜徴兵法は63万人の徴集兵を入隊させることを認めた。かくして米陸軍は140万人の兵員を擁する軍隊となった。

1940年に戦争準備を本格的に始めたが、北アフリカでの初戦には間に合わなかった。米陸軍の編成と訓練を含む全動員は急速、大規模、即興的で、短期集中訓練計画は野戦部隊に上辺だけの準備をもたらせた。

兵士の基本的戦技と大半の将校の指揮能力の欠落は明らかだったが、是正できるだけの時間がなかった。兵器・装備の不足と促成訓練の必要性とがあいまって着実な教育訓練の実施が妨げられたからだ。兵士各員や部隊にとって、ドクトリン、兵器、装備、1940年代に求められる戦闘戦技を習得しそれを血肉化するためには相応な時間が必要だ。

彼らは、戦闘のテンポの速さとますます遠くなる戦場の距離を、自らの基準と整合することができなく、敵の動きを理解して適切に反応するスピードを欠いた。米軍流リーダーシップと人的資源には卓越したものがあるが、その卓越性を発揮するためには「カセリーヌ峠の戦い」での悲惨な体験を避けることができなかった。

第2次大戦に参戦する米軍の展開は、日本軍の真珠湾攻撃から始まった。1941

年の英米幕僚会話で、ルーズベルト米大統領とチャーチル英首相は非公式に合意に達していた戦略を承認した。両首脳は欧州優先の方針を支持し、共同軍事作戦を計画・実施するための機構（米英合同参謀本部）を立ち上げた。

米国の軍事当局は、概して、ドイツ軍に占領されている欧州大陸への一大攻勢とドイツ本国へ直接侵攻することを好んだ。この究極目標達成のため、陸軍省は第34歩兵師団、第1機甲師団、第1歩兵師団を北アイルランドに派遣して、第V軍団司令部の統制下で訓練に専念させた。

●第1機甲師団「トーチ作戦」に参加

1942年4月、第1機甲師団は編成定数を満たし、高齢の将校を解職して若手将校と交代させ、5月に北アイルランドへ航行し、現地で5カ月間訓練を実施した。訓練の重点は小部隊訓練と射撃訓練だった。この訓練で戦車―砲兵の協同は向上したが、戦車―歩兵、戦車―飛行機の協同は依然として低調だった。

1942年8月、北アフリカ戦線のロンメル軍は、エル・アラメインから攻撃を仕掛けたが、カイロに司令部を置く英中東軍とエジプト駐留の英第8軍により阻止された。英軍は、米国製新型シャーマン戦車300両を受領した後、10月23日に全面的な攻勢に出てロンメルのアフリカ装甲軍に戦場放棄を強いた。英軍の追撃により、ロンメル軍はリビアを横断する約2600キロメートルの退却に移行した。

1942年11月、第1機甲師団（第Ⅱ軍団の指揮下）を乗せた船団は、「カセリーヌ峠の戦い」へとつながる北アフリカへ向かって出航した。

第1機甲師団は、37ミリ戦車砲搭載の2個軽戦車大隊、低初速の75ミリ戦車砲搭載の3個中戦車大隊、初期型のシャーマン中戦車（75ミリ戦車砲）を装備する1個大隊の編成装備で、初陣となる戦闘に突入する。チュニジア戦線でドイツ軍戦車と現実に交戦して、ドイツ軍戦車に比べて米軍戦車の装甲防護力と火力が劣ることを身に染みて痛感させられる。

連合国軍遠征軍最高司令官に指名されたアイゼンハワー大将は、英国の首都ロンドンに新しい連合軍司令部を設置して、「トーチ作戦」と呼ばれるモロッコ／アルジェリアの海岸への上陸作戦計画の策定に着手した。1942年11月8日、米英連合軍は「トーチ作戦」を発動した。

①**米軍東部支隊**（**第34師団、第1機甲師団の一部など**）、英軍部隊がアルジェに近いアルジェリア東部に上陸を敢行し、戦闘は1日で終わった。

②**米軍中央支隊（第Ⅱ軍団および第1歩兵師団など）**、英軍部隊がオラン付近のアルジェリア中央部に上陸し、戦闘は翌日まで続いた。

③**米軍西部支隊（第3歩兵師団、第9歩兵師団、第2機甲師団など）**は、合衆国本土から出航、モロッコのカサブランカ西部に上陸してフランス軍部隊（当時枢軸軍）と3日間交戦した。

「トーチ作戦」は米陸軍の第2次大戦への本格的参加の嚆矢《こうし》だったが、米軍にとっても初戦とはいえるほどではなかった。米英連合軍のトーチ作戦開始直後、枢軸軍の有力部隊がイタリアからチュニジアに進出、アルニム大将指揮下の第5戦車軍が、チュニジア北東隅の要衝ビゼルトとチュニスを防護する橋頭保を強化した。

第5戦車軍は、連合軍によるチュニジアの制圧を防止し、同時に、ロンメル部隊（アフリカ装甲軍）の退却に終止符を打ってチュニジア南部に受け入れるよう努めた。枢軸軍は必然的にチュニジア東沿岸地区を保持すべく画策した。

東部沿岸平地の安全確保には、アルニム軍とロンメル軍は、南北に連なる東ドーサル山地の複数の峠を支配する必要がある。山地には4つの開口部（急峻な山地を抜ける道）、すなわち北部にピション峠、フォンドゥーク峠、南部にファイド峠、ルバウ峠があり、アルニム軍は1942年12月中頃にピション峠を占領した。

1943年1月末頃、ロンメル軍はチュニジア南部の**マレト防衛線**に落ち着いた。マレト防衛線は、フランスが数年前にチュニジア・トリポリタニア国境に構築した、海岸から約36キロメートルのマトマタ山脈まで延びた防御線で「アフリカのマジノ線」と呼ばれた。枢軸軍は、必然的に、後刻「カセリーヌ峠の戦い」へと発展する他の峠をも手中に収めようと試みた。

●第1機甲師団（A戦闘団）の初陣

1943年1月上旬、次第に勢力を増すロンメルのアフリカ装甲軍への対抗措置として、アイゼンハワーはフォンドゥーク峠、ファイド峠、ルバウ峠、および重要な交通の要路ガフサを守備しているフランス軍（北アフリカのフランス軍は連合軍に参加）を支援するために、第Ⅱ軍団司令部（フリーデンダール少将）と米軍部隊にチュニジア南部への移動を命じた。

枢軸軍（ドイツ軍・イタリア軍）はチュニジアの全般状況を正確に読み、東ドーサル山地を支配すべく計画を巡らせていた。1943年1月末頃には、米第Ⅱ軍団とドイツ軍が東ドーサル山地を巡って一触即発の情勢となった。

1月30日早朝、アフリカ装甲軍の第10装甲師団と第21装甲師団を臨時に統制下に入れたアルニム軍が、ファイド峠とルバウ峠を守備するフランス軍に対して攻撃を開始。フランス軍は、24時間以上猛烈に戦ったが、完全に撃破された。

1月31日朝、ドイツ軍の攻撃から1日以上経っていたが、第1機甲師団A戦闘団は、両峠を占領するドイツ軍を攻撃するため、戦車と歩兵で構成する部隊（第26歩兵連隊、第1機甲連隊第3大隊、第701駆逐戦車大隊、支援部隊など）で2つの支隊（特別任務部隊）を編成した。A戦闘団長（マクイリン准将）は「スターク支隊」をファイド峠へ、「カーン支隊」をルバウ峠へ、それぞれ前進を命じた。しかしながら、両峠奪回の目的を達成するにはすでに時機を失しており、各部隊間の調整も拙劣で、そして何よりも戦力不足だった。

ドイツ軍の圧倒的な防御火力は、空中からの効果的な爆撃と機銃掃射と相まって、米軍部隊を恐怖させ、躊躇させ、マヒさせた。Ａ戦闘団長の企図は戦闘する以前に挫折した。戦術行動を起こす前提として敵情偵察などの情報活動が不可欠だが、これらを含めてＡ戦闘団長がまともな状況判断を行なった形跡はなかった。

２月１日、Ａ戦闘団は、再度、ファイド峠への進出に挑戦したが失敗した。戦闘団長は、スターク支隊のふがいない行動により攻撃が頓挫した、と言いつくろった。事実は、准将・大佐という上級指揮官の無能な指揮が最大の要因だった。

枢軸軍第５戦車軍は、東ドーサル山地の４つの重要な峠を占領／支配したが、ドイツ軍はこれ以上の戦果の拡張を行なわなかった。このようにしてチュニジア戦線は一時的に静謐《せいひつ》となり、カセリーヌ峠の戦いの序幕が閉じた。

●第１機甲師団の初戦――戦闘前の態勢

２月の第２週、米軍（第Ⅱ軍団）は、ファイド峠とルバウ峠のドイツ軍に対して、両峠からシジ・ブ・ジッドへ西進する道路を制する２つの丘陵に阻止陣地を設定、後方のスベイトラに2個部隊を配置した。図上戦術的には縦深配備によりドイツ軍と対峙する布石だ。

①**ジュベル・ルスーダ丘陵（ファイド道の北）**に、第34歩兵師団の第168歩兵連隊第2大隊（ウォーターズ中佐が指揮する約900人）を配備。

②**シジ・ブ・ジッドのオアシスから数キロメートルの場所**に、第168歩兵連隊第2大隊の掩護下に、戦車51両、TD12両、2個野砲大隊で構成する第1機甲連隊第3大隊（ハイタワー中佐）が機動予備として集結。

③**ジュベル・クセラ丘陵（ルバウ峠からの道路を見下ろす位置）**には、1月に連隊長に着任したドレイク大佐の第168歩兵連隊主力（約1850人）を配備。

④**シジ・ブ・ジッドの近傍**には、第168歩兵連隊主力を支援するため、第1機甲師団第81偵察大隊が集結。

⑤**スベイトラ**には、ファイド峠攻撃に失敗したA戦闘団が集結。同じスベイトラ地区には、第1機甲師団の師団予備（歩兵大隊、戦車大隊、TD中隊）を控置。

⑥**フォンドゥーク峠（スベイトラから160キロメートル）**の近くに、B戦闘団が集結。

⑦スベイトラから32キロメートル離れた場所に、C戦闘団（第1機甲師団第6装甲歩兵連隊を主体）が集結。

機甲師団の編成表（1942年）にはC戦闘団は無いが、第6装甲歩兵連隊を基幹とするC戦闘団を臨機に編組している。戦闘団という発想は米軍らしく柔軟かつ斬新な発想だが、師団長（少将）→戦闘団長（準将）→連隊長（大佐）→大隊長（中佐）→中隊長（大尉）という指揮系統は結節が多く、屋上屋を重ねる感は否めない。

1943年の改編で、戦闘団（本部）が3個になり、連隊を廃止し、師団は13個大隊（3個戦車大隊、3個機甲歩兵大隊、3個野砲大隊、偵察大隊、工兵大隊、衛生大隊、整備大隊）の編成となる。この結果人員は1万4620→1万936人、戦車は390→263両（6個大隊→3個大隊）へと縮小され、より軽快に動ける編成となる。また戦車大隊の編成は戦車単独の編成からコンバインド・アームズのより実戦に即した編成となる。

スベイトラの西方では、第1歩兵師団の第26歩兵連隊と第1機甲師団の戦車大隊がフェリアーナに進出して、ガフサからの道路を防衛し、テレプトの飛行場を防護していたが、誰がこれらの部隊を統制するのか明確ではなかった。

●第1機甲師団の初戦──ふがいない戦闘・その1

ドイツ軍の攻撃からシジ・ブ・ジッド地区の戦闘の幕が開いた。

2月14日午前6時30分、砂嵐が荒れ狂っていた。ドイツ軍が猛砲撃を開始し、ドイツ軍2個装甲師団の200両を超える戦車、半装軌車、野砲がファイド峠を一気に貫通した。引き続いて、ドイツ軍の1個支隊はルスーダ丘陵の北側に回り込んで同丘陵を包囲し、別の支隊はクセラ丘陵の南側に回り込んで同丘陵を包囲した。

この結果、ウォーターズ中佐の部隊（ジュベル・ルスーダ丘陵）とドレイク大佐の部隊（ジュベル・クセラ丘陵）、すなわちフリーデンダール第Ⅱ軍団長が意図した最前線の阻止陣地が敵中に孤立した。この一連の戦闘で、第17野砲連隊第2大隊が撃破され、第91野砲大隊B中隊が全車両を失い、第701駆逐戦車大隊A中隊が全車両を失った。

一連の米軍のふがいなさは、経験不足が大部分を占めるが、ドイツ軍に安易かつ迅速な成功を許したことだ。砂漠特有の砂嵐という荒天が米軍の警戒態勢を弛緩《しかん》させ、米軍部隊は事態に素早くかつ適格に対応することができなかった。砂嵐が収まるまで、丘陵上の米軍兵士はドイツ軍部隊の識別が困難で射撃できなかった。

2月14日午前7時30分、Ａ戦闘団は、砂嵐が収まり天候の回復とともに、あらかじめ計画していた反撃を発動した。Ａ戦闘団長は、シジ・ブ・ジッドの南西3キロメートルに集結していた第1機甲連隊第3大隊長に、状況を解明するよう指示した。

第3大隊がジュベル・ルスーダ丘陵へ前進して被包囲部隊を救出しようと準備しているとき、ドイツ軍航空機がシジ・ブ・ジッドを攻撃して、Ａ戦闘団の指揮所を混乱させ、第3大隊の前進準備を妨害した。ドイツ軍機は、この日終日、米軍部隊を反復攻撃した。

第3大隊（Ｈ中隊、Ｉ中隊）は、47両の戦車（Ｍ－４Ａ１：75ミリ戦車砲搭載）をもって、ドイツ軍戦車（何両かのティーゲル戦車——88ミリ高射砲搭載——が参加）に果敢に挑み、正午頃までには、5ないし6両を除いて全戦車が撃破された。

ドイツ軍との交戦の間、ある砲兵はパニックに陥って持ち場の野砲を放棄した。友軍を救出すべく準備していた第81偵察大隊は、丘陵を包囲していたドイツ軍戦車がシジ・ブ・ジッドへ突き出して偵察中隊を捕虜にしたために、反撃すらできなかった。第81偵察大隊の残余はその後スベイトラへ後退した。

ドイツ軍の脅威を直接受けたシジ・ブ・ジッドの戦闘団指揮所は、第3大隊の遅滞戦闘により掩護されていたが、戦闘団長はスベイトラへの後退を決断し、正午頃、砲兵部隊と戦闘団指揮所をシジ・ブ・ジッドから移動させた。ドイツ軍急降下爆撃機がこれらを攻撃して混乱させ、この混乱の中で、戦闘団本部と指揮下部隊の通信連絡が数時間途絶した。

2月14日午後、烏合の衆と化した多数の米軍部隊――戦闘団指揮所、種々雑多な部隊、第3大隊の生き残り、野砲、TD、工兵車両、徒歩の兵士たち――がスベイトラ目指して潰走《かいそう》した。戦闘団長はスベイトラに指揮所を開設し、部隊を集結させ、部隊の再編成を開始した。

この日の死傷者数は戦死6人、負傷32人、行方不明134人だった。スベイトラ原野には、44両の戦車、49両の半装軌車、26門の野砲、少なくても2ダース以上の自動車が破壊され、炎上し、または放棄されていた。

2月14日のシジ・ブ・ジッド周辺の戦闘は、畢竟《ひっきょう》するに、この地区に責任を有するA戦闘団の崩壊物語だった。失敗の主原因は次の3点だ。

①A戦闘団は航空偵察を含めてあらゆる場面で友軍の近接航空支援が得られなく、逆に戦闘地域全体でドイツ軍機の航空攻撃を頻繁に受けた。

②第1機甲師団司令部の機能不全、とくに戦闘団に対する支援または指導がほとん

どできなかった。現実には第1機甲師団は広正面に部隊を分散配置しており、ドイツ軍の攻勢に迅速に対応できる手段がなかった。

③米軍苦境の原因は戦車がいつでも撃破されて戦闘団全体が裸になったこと、指揮所が急速に移転して指揮の継続が絶たれたこと、砲兵組織が失われたこと、翼側から攻撃するドイツ軍戦車への対処を対戦車能力を欠く軽偵察車両や駆逐戦車（TD）に依存したこと、などだ。

これら原因の全ては、部隊が受動に陥ってドイツ軍から主導権を奪うことができず、各部隊の行動が混乱したことだ。戦闘団長はドイツ軍に関して無知同然で、偵察部隊がドイツ軍の行動に関するタイムリーかつ正確な情報を提供できなかったことは失敗原因の最たるものだ。

●第1機甲師団の初戦―ふがいない戦闘・その2

第1機甲師団（ウォード少将）はスベイトラに司令部を置いて反撃を計画した。師団長は、2月15日に予定する反撃を楽観視し、自信満々だった。

師団の反撃計画は、第6装甲歩兵連隊第3大隊の歩兵と第1機甲連隊第2大隊（アルジャー中佐）の戦車が、「カーンの十字路」で合流してＣ戦闘団（スタック大佐）を強化し、次いでシジ・ブ・ジッドへ進撃して、クセラ丘陵とルスーダ丘陵の部隊を救出するというシナリオだった。

2月15日朝、実戦での部隊指揮経験がないアルジャー大隊長が高地から戦場の地形を視察し、Ｃ戦闘団長が指揮下の歩兵に前進を準備させているとき、ドイツ軍の爆撃機が前進準備中の両部隊を爆撃して大混乱をもたらせた。アルジャー大隊の装備戦車はＭ－４／Ｍ－４Ａ１中戦車の混成装備だった。

2月15日12時40分、Ｃ戦闘団は、晴れ上がって乾燥した午後の大気の中、スベイトラ原野を横断するがごとく、絵に描いたような戦闘隊形で埃を巻き上げて前進を開始した。（戦闘経緯は省略）Ｃ戦闘団は、性能で勝るドイツ軍兵器と百戦錬磨のドイツ軍に向かって、ドン・キホーテよろしく突撃したが、しょせん歴戦のドイツ軍の敵ではなかった。

2月15日18時、Ｃ戦闘団長は全部隊に対して戦闘を中止してカーンの十字路への後退を命じた。歩兵と砲兵は比較的軽微な損害で下がったが、戦車は完膚なきまでに撃破され、虐殺の場から生還し得た戦車はわずかに4両だった。

戦車大隊長アルジャー中佐は捕虜になり、将校15人、下士官兵２９８人が行方不明、

50両の戦車が残骸になった。14日と15日の2日間の戦闘で、第1機甲師団は戦車98両、半装軌車57両、野砲29門を失った。

１９４３年2月15日シジ・ブ・ジッドで行なわれた、第1機甲師団第1機甲連隊第2大隊による戦車突撃は、軍事的失敗のケース・スタディーの格好例である。２個の経験の浅い大隊が、すでに陣地を掘って待ち構えていたドイツ軍の歴戦の2個戦車師団に、平坦でだだっ広い砂漠を横切って差し向けられた。結果は火を見るより明らかであった。

特筆するに足る戦術がとられたわけではなかった。アルジャーの大隊は、シジ・ブ・ジッドの近くのどこかでドイツ軍と衝突することを意図して、騎兵突撃よろしくまっしぐらに突き進んだのであった。第1機甲連隊第2大隊はこれが初陣で、残りの第1機甲師団の諸隊と同様、戦闘展開が急がれたために、モハーヴィー砂漠の砂漠戦訓練センターにおける、戦車戦の戦術訓練を受けていなかった。（スティーヴン・ザロガ著、三貴雅智訳『カセリーヌ峠の戦い　１９４３』）

2月15日の夜の帳が下りる直前、ルスーダ丘陵の部隊に、ウォード師団長からのメッセージ（夜間に脱出させる計画）が投下された。夜間脱出の間、ウォーターズ中佐が捕虜になり、ムーア少佐の指揮で、９００人のうち略3分の1をカーンの十字路まで脱出させた。残余の兵士は車両・装備と共にドイツ軍の手中に落ちた。

2月16日午後、クセラ丘陵のドレイク大佐は、A戦闘団長からのメッセージを受け脱出を準備した。当日夜、ドレイク大佐は部下を率いて高地を脱出して原野の横断を試みたが、ドイツ軍部隊が彼らの行く手で待ち構えており、大半が捕虜になった。安全に「カーンの十字路」に達したのはほんの一握りの兵士だけだった。

ルスーダ丘陵とクセラ丘陵を占領していた、第34歩兵師団第168歩兵連隊（A戦闘団長の指揮下）2個大隊は、およそ2200人の兵士がドイツ軍の捕虜となった。

一方、南方から攻撃したロンメルの部隊――独伊グループの１６０両の戦車、半装軌車、自走砲は、２月15日午後に連合国軍がガフサを放棄したことを承知し、同地の市街地に入り、フェリアーナ方面に対してパトロールを開始した。このようにしてシジ・ブ・ジッド周辺の戦闘はドイツ軍の一方的勝利に終わった。

2月16日、第1機甲師団は、戦闘開始以降初めて一体（A・B・C戦闘団）となって戦闘を行なうことになった。師団は防御に移行し、フェリアーナ、カセリーヌ、スベイトラ地区の警備を命じられた。師団長は、A戦闘団とC戦闘団をスベイトラの北に、B戦闘団（ロビネット大佐）をスベイトラの南に配置した。

2月16日夕、ドイツ軍が西と南の2正面からスベイトラ目指して行動を開始した。

2月17日午前1時30分、第1機甲師団はスベイトラからの撤退を承認された。

2月17日午後5時、ドイツ軍がスベイトラに入った。

2月18日午前3時頃、第1機甲師団最後の部隊がカセリーヌ峠を通過して後退した。ファイド－シジ・ブ・ジッド地区での戦闘の4日後、米軍は兵員2500人、戦車100両、車両280両、野砲30門以上を失っていた。

2月18日夕、ドイツ軍偵察部隊がカセリーヌ峠に姿を現した。


（以降、カセリーヌ峠を巡る攻防が続くが、その経過は省略する）


2月23日早朝、カセリーヌ峠地区を占領していたドイツ軍（ロンメル部隊）が撤退したが、連合軍は追撃できなかった。こうして「カセリーヌ峠の戦い」が幕を閉じた。

カセリーヌ作戦におけるドイツ軍の損失はおよそ1000人（死者200人、負傷者550人、行方不明250人）、大砲14門、自動車61両、半装軌車6両、戦車20両だった。

米兵約5万人がカセリーヌ峠の戦いに参加し、約3000人が戦死、3000人近くが負傷、そして3000人弱が行方不明になった。

第Ⅱ軍団は183両の戦車、104両の半装軌車、208門の大砲、512両のトラックとジープ、加えて大量の補給品を喪失した。

●初戦であぶりだされた合衆国陸軍の問題点

第1次大戦後の米陸軍の初戦「カセリーヌ峠の戦い」は、端的に言えば、前の戦争と次の戦争の衝突だった。北アフリカでの一連の戦闘は、米陸軍の戦闘能力（戦う能力に影響する人的資源と物的資源）の問題点をあぶり出した。

①**各級指揮官の指揮能力の欠如。**各級指揮官（軍団長、師団長、戦闘団長、連隊長、大隊長、さらに記録に残らない小部隊の多くの指揮官たち）の指揮能力は、次の戦争（第2次大戦）に適していなかった。上級指揮官は、共通して、指揮官固有の責務すなわち戦闘時の部隊間の調整、戦闘区域の設定、防御火力の集中、憲兵派遣による交通統制と捕虜統制などの基本的な知識を欠いていた。命令は具体性を欠き現状に即していなかった。現場で部隊指揮に任じた将校は、射撃の指揮統

制（指揮官の命令号令に基づいて射撃の開始／終了を統制）が不十分、より正確な戦場の情報獲得に失敗、またより効果的な航空支援を確保することが出来なかった。米陸軍は「カセリーヌ峠の戦い」の深刻な教訓を踏まえて指揮官不適者を一掃した。

②**空地協同という思想の欠如**。北アフリカ戦線で戦った米軍部隊は航空機からの支援がほとんど得られなく、友軍機の爆撃、対地射撃による損害を多く蒙った。これらは2年前の機動演習で明らかになっていたが、当局は解決を先延ばしにして放置した。当局の怠慢を現場部隊が実戦で血を流して購ったのだ。地上部隊と戦術航空支援部隊との緊密な調整が可能になるのは、戦術航空支援司令部と野戦軍が緊密に協同し、特殊無線機がパイロットと地上部隊との直接交信を可能にしたノルマンディー上陸作戦（1944年6月）以降だった。

③**戦術の基本原則を無視**。米陸軍は各部隊を広地域に分散、集中ではなくバラバラに分割して運用した。いくつかの兵器は標準以下の性能で、例えば軽戦車は偵察にのみ適し、TD（タンク・デストロイヤー）は火砲も装甲も不十分で、37ミリ

対戦車砲に至っては口径が小さすぎた。シジ・ブ・ジッド周辺の戦闘に見られたように、上級指揮官の頭には〝機甲戦〟という思想がなく、第1機甲師団をどう運用すれば効果的か、という発想がなかった。カセリーヌ峠周辺に主戦場が移行した後、機甲師団を防御的に運用し続け、本来機甲師団が目指していた攻勢的な攻撃任務と乖離していた。

④コンバインド・アームズ訓練が不十分。 歩兵科と機甲科の将校は双方共に他兵科の行動に関する適切な訓練を受けておらず、上級指揮官と彼の幕僚は、部隊を小出しに使用し、部隊固有の特性を失わせる傾向があった。1942年の時点では兵器の数と部隊の数が不足し、あるいは1943年ですら効果的なコンバインド・アームズ訓練が十分ではなかった。1943年末頃まで、機甲師団と歩兵師団は一緒に訓練を行なうことがなく、師団以外の部隊ではごく限定されたコンバインド・アームズ訓練の機会しかなかった。

⑤失敗は成功の母——改善を躊躇しない柔軟性。 各級指揮官は、部隊を小間切れにして小出しに運用（兵力の逐次使用）することの拙さを悟り、まとめて一体とし

て使うことを学び、実践するようになった。「カセリーヌ峠の戦い」での敗北は、戦争準備間に「部隊が学ぶべきこと」と「成すべきこと」を陸軍に具体的に呈示した。米兵は１９４０年代の戦争で速やかにプロの戦士となり、勝利に必須の戦闘精神、柔軟性、強固な目的意識を確立した。

⑥**勝利には圧倒的な戦力差と戦闘経験と卓越した装備が必須。**「カセリーヌ峠の戦い」の苦い経験から米軍が認めた枢軸軍の戦闘能力は、部隊の豊富な戦闘経験、ある種装備とくにドイツ軍戦車の優越、ネーベルヴェルファー多連装ロケット砲の威力、戦術航空支援と地上行動との緊密な調整などだった。米軍の失敗の潜在的な原因は連合軍と枢軸軍との間の戦力量の差だった。チュニジアの枢軸軍の２個軍（アーミー）に対して連合軍は１個軍（モントゴメリーの到着以前）で、枢軸軍は疑問の余地がないほど有利だった。

米陸軍の新思潮に対する無関心を象徴するエピソードがある。

１９３２年、英陸軍退役少将Ｊ・Ｆ・Ｃ・フラーが、最も重要な著書『Lectures on F.S.R. III』（講義録・野外要務令第Ⅲ部）を一般図書として刊行した。本書は近代的機甲戦理論の源泉となる理論書で、著者のフラー自身が「完璧なマニュアル」と断言しているように、その実体は完全な機甲戦の戦術教科書だった。

出版当初、英国では初版の500部が売れたのみで、米国に至っては一顧すらされなかった。ところが、ソ連邦赤軍は3万部をコピーして赤軍将校必読書として配布し、後に10万部まで増刷した。チェコスロバキアの陸軍大学校は機械化戦の基準参考書として採用した。

第1次大戦後の敗戦国ドイツでは、当時すでに戦車のエキスパートとして著名だったハインツ・グデーリアン将軍が本書はじめフラーの著書を精読したことで知られ、フランス戦線のブリックリーク（電撃戦）の理論的なバックグラウンドなった。

当初見向きもしなかった米国では、11年後の1943年（カセリーヌ峠の戦い以降）に、その先駆的な内容が改めて評価され、第2次大戦の戦況（ポーランド戦線、フランス戦線、ロシア戦線、北アフリカ戦線など）をふまえて、フラー自身が旧版に注釈を加えて『機甲戦（Armored Warfare）』と改題して再出版された。

米第1機甲師団は1943年2月にカセリーヌ峠の初戦で百戦錬磨のドイツ軍に惨敗を喫した。米陸軍は機甲師団という器を大急ぎで作ったが、その器には〝機甲戦〟という理論が盛られていなかった。彼らは、ロンメルのアフリカ装甲軍から、高額の授業料を払って学んだ。

★スミス支隊と第24師団の遅滞行動——1950年7月5日—19日

1950年（昭和25年）6月25日未明、北朝鮮軍砲兵が38度線越えに砲門を開き、夜が完全に明けきるまで砲撃が続いた。

●朝鮮戦争の勃発

①西部地区のオンジン（甕津）半島とケソン（開城）では、30分間の攻撃準備射撃の後、北朝鮮軍第1歩兵師団、第6歩兵師団、第3警備旅団、第105機甲旅団の1個戦車連隊が国境を越えて侵攻し、韓国軍をその場にくぎ付けにした。

②1時間後の午前5時30分、38度線から大韓民国の首都ソウルへの最短距離となるウジョンブ（議政府）回廊の北方では、多数のT－34戦車（88ミリ戦車砲）を擁する第105機甲旅団主力（2個戦車連隊、機械化歩兵連隊）が、ソウル占領を目指して、第3歩兵師団と第4歩兵師団の先鋒となって前進を開始した。

③東側の山岳地帯では、第2歩兵師団と第7歩兵師団が韓国軍を急襲した。

④東海岸では4カ所で同時攻撃を行なった。第5歩兵師団、オートバイ連隊、独立歩兵部隊は事前に浸透していたゲリラ部隊の支援を受けて38度線を越えてサンチョク（三陟）を目指した。午前6時、ゲリラ船団はサンチョクの北と南の東海岸に上陸した。

米陸軍第24師団の初戦は、スミス支隊（第24師団の歩兵大隊）が北朝鮮軍と最初に会敵したオサン（烏山）の戦闘から始まり、約2週間の遅滞行動の後、第1騎兵師団と部隊交代して終了。この2週間で、第24師団は大量の戦死傷者を出し、「地域を犠牲にして時間を稼ぐ」という遅滞行動の主眼（ねらい）をはるかにオーバーする地域を放棄した。

第24師団の作戦能力の劣化は、戦場でのいかなる過失以上に、日本占領期間の準備不足が原因だ。師団の将校・下士官・兵が戦術的敗北を繰り返したのは、米陸軍の失態すなわち師団を日本に駐留させていたからではなく、次の戦争への備え（編成、装備、訓練）を欠いたからだ。

戦場で奇襲されて対抗手段を持たない場合、奇襲された部隊はパニックに陥る。6月25日、北朝鮮軍は150両のソ連製T34／85中戦車を正面に押し立てて韓国軍の防御態勢を破砕した。北朝鮮軍は3日間で京城《ソウル》を陥落させ、急遽派遣された米スミス支隊を烏山《オサン》で一蹴、米第24師団を大田《テジョン》で撃破して半島南部の大邱《テグ》・釜山《プサン》に迫った。奇襲された韓国軍も応急派兵されたスミス支隊も北朝鮮軍のT34戦車に対抗できる手段がなかった。

●日本占領軍としての現実

北朝鮮軍の侵攻に際して、合衆国極東軍最高司令官マッカーサー元帥は「米国が参戦しないかぎり韓国を救う望みは皆無」とワシントンに報告した。6月29日、マッカーサーは自ら朝鮮半島の現地へ飛んで状況を視察し、翌30日、日本に駐留している米第8軍の戦闘部隊を直ちに投入するよう、トルーマン大統領に進言した。

朝鮮戦争勃発時に現役だった10個陸軍師団と11個独立連隊のうち、4個歩兵師団［第7、第24、第25、第1騎兵］が日本占領のために第8軍に所属し、マッカーサーが直ちに使用できるのはこれら4個歩兵師団だった。それ以外は第5連隊戦闘チームがハワイに、第29歩兵連隊が沖縄に、1個歩兵師団、2個歩兵連隊、師団に略相当する警備部隊がヨーロッパに、2個歩兵連隊がカリブ海に駐留し、残りは全般予備として合衆国本土に集中していた。(『アメリカ陸軍の初戦』)

何個師団と数えても実体を反映しない。在日4個師団のうち3個は平時定数の1万2500人(※戦時定数1万8900人の66パーセント)を下回っていた。第24師団は1万7000人、第1騎兵師団は1万1300人、第7師団は1万6000人で、第25師団のみ1万3000人で平時編成の定員をわずかに上回っていた。

各歩兵連隊は、第25師団の第24歩兵連隊を除いて、通常の3個大隊が2個大隊編成になり、連隊固有の戦車中隊は全部欠だった。師団直属の中戦車大隊の車種はM-24軽戦車(75ミリ戦車砲、偵察用戦車)だった(本来はM-4、M-26、またはM-46中戦車)。さらに、砲兵部隊は兵員も装備も3分の2に縮小されていた。

●日本占領間の第24師団

第24師団は、太平洋戦争でニューギニア、レイテ、ルソンへと転戦した歴戦の師団だ。レイテ上陸の際は、第1騎兵師団とともに、タクロバンに上陸している。1949年(昭和24年)春頃、師団(北九州の小倉に司令部)の主任務は九州と山口県の占領で、次の戦争に備える訓練は第二義的だった。師団の編成はその事実を明確に反映していた。

第19歩兵連隊（別府）は第1大隊、第2大隊本部中隊とE中隊が機能していた。第34歩兵連隊（佐世保）は第1大隊と第3大隊があったが、小銃中隊の数はわずかに3個だった。第21歩兵連隊（熊本）は第1大隊と第2／第3大隊の本部中隊だった。編成されている大隊ですら定数以下に過ぎなかった。

1946年［昭和21年］の終り頃になると将校や下士官の妻子が日本に到着するようになった。進駐軍の生活様式は、占領された日本人は敗戦のみじめさを味わったが、彼らは伝統的な様式を踏まえた第2次大戦前のフィリピンや中国での駐留生活を踏襲した。将校も下士官も一夜にして王侯貴族に変身したかの如く、日本国政府の予算措置で贅沢三昧の生活を享受した。

日本での駐留生活は若い兵士たちには天国だった。彼らは軍隊の生活に慣れただけではなく、営門外の特異な文化風俗に耽溺した。将校や下士官たちは逃避したいときにはいつでも憲兵の目を逃れて熊本を訪れたが、多くの若い兵士はキャンプのすぐ外で日本人女性と同棲して、魅惑的な土地での生活を完全に享受した。

かくして、若い兵士の全部とは言わないが、性感染症が彼らの自然の敵となった。

また、全部隊と全階級のヘビー・ドリンキングも、軍隊の悪しき伝統とはいえ、部隊の健全性の敵だった。（同前）

敗戦後のわが国土は焼野原だったが、占領軍兵士は一夜にして〝王侯貴族〟に変身した。今日、わが国は敗戦の惨めさを意識的に忘却しているが、戦争に負けるとこのようになるのだ。第24師団の部隊と兵士は、安逸に流れるコロニアル・アーミー（植民地軍）に堕し、戦闘即応態勢とは無縁だった。このような部隊が、急遽、おっとり刀で朝鮮半島に出動したのだ。

●初戦に間に合わなかった戦闘即応態勢への訓練

朝鮮戦争勃発1年前の１９４９年半ば頃、ウォーカー中将が第8軍司令官に着任して、占領軍の環境が一変した。すなわち戦闘即応態勢への訓練が主任務となり、占領業務は第二義的任務へと後退したからだ。

同年9月、マッカーサー司令部は米軍部隊と日本国民との間の新しい関係を明示した。マッカーサーの意図は、占領の厳格さを緩和して、軍隊が注力すべきことを憲兵の役割から訓練へと転換することだった。

新たな任務とともに、第24師団の兵員数は急速に増加した。下士官は3倍に、将校は2倍になり、12月には1万1824人のピークに達した。12月以降はそれを上回る兵員数を確保できなかったが、歩兵大隊の訓練が実施できるようになった。

第24師団は、1949年7月に新訓練プログラムを開始し、基本訓練（各個訓練）を9月半ばに終え、引き続いて分隊訓練、小隊訓練、中隊訓練へと進め、中隊レベルの戦術的訓練を年末までには終える計画だった。

1950年半ばに大隊訓練を開始し、最終的に検閲を実施してその練度を評価し、さらに連隊戦闘チーム訓練と師団訓練を1950年後半に実施する予定だった。だが、同年6月に朝鮮戦争が勃発、連隊訓練、師団訓練へと進める時間が無くなった。この時点では、師団は未だ戦争に参加できるレベルに達していなかった。

ウォーカー司令官の目標は、中隊・大隊レベルのコンバインド・アームズ・チーム（歩兵、戦車、砲兵の諸兵種連合部隊）の完成だった。

効果的なコンバインド・アームズ訓練は、実弾射撃と機動訓練を同一場所で実施することが不可欠。だが、九州のモリ演習場（現在の大分県日出生台演習場）は、歩兵大隊の機動訓練と砲兵の実弾射撃に限定され、しかも機動訓練／実弾射撃を同時には実施できなかった。

歩兵大隊レベルの訓練不足は、悲惨な結果として実戦で立証された。キャンプ・ウッド（現陸自北熊本駐屯地）に駐屯する第21歩兵連隊は、実物の野砲や戦車と共同訓練を行なったことがなかった。熊本市の小さな訓練場（現在の大矢野原演習場）では、歩兵部隊の分隊、小隊、ならびに何らかの中隊訓練に限定された。

後にスミス支隊に配属される第52野砲大隊の射撃中隊は、実弾射撃訓練を著しく制限されていた。大隊は、105ミリ榴弾砲を射撃できるだけの広さがあるモリ演習場で、年に1回しか射撃訓練が計画できなかった。

●スミス支隊の応急出動

1950年6月30日夜、マッカーサー元帥は、第8軍司令官ウォーカー中将を通じて、第24師団に朝鮮への出動準備を命じた。

第24師団長ディーン少将は、電話による口頭命令（後刻文書命令）を受領した。内容は「ただちに歩兵と砲兵から成る支隊を朝鮮に派遣、師団の残余は可能なかぎりすみやかに支隊に続行すべし」という朝鮮半島への出動命令だった。

ディーン師団長は、命令受領後、朝鮮に派遣する歩兵と砲兵から成る支隊の編成に着手した。歩兵は師団の中では最も訓練が進んでいた第21歩兵連隊（熊本駐屯）を、砲兵は第52野砲大隊（福岡駐屯）を選んだ。

6月30日22時45分、第21歩兵連隊長ステファンス大佐は、「韓国のプサン（釜山）に空輸するために歩兵大隊を板付空軍基地に派遣せよ」との師団命令を受け、第1大隊長スミス中佐を連隊本部に招致して、次のように移動準備を命じた。

「A中隊とD中隊を除いた大隊主力を指揮して板付（福岡県）に行け。ただちに朝鮮に向かって飛ぶ予定だ。師団長が板付で詳細な命令を与えられるはず」と。

第1大隊は、M中隊の75ミリ無反動砲小隊と重迫中隊の2個小隊、第52野砲大隊の1個射撃中隊が増強される予定だった。さらに大隊は、部隊の充足のため、第3大隊、他連隊、師団直轄部隊から将校、下士官、その他の特技者の補充を受けた。

当時、梅雨末期で、板付もプサンも大荒れの天候だった。

スミス中佐が直卒する大隊の一部――B中隊、C中隊、75ミリ無反動砲小隊、107ミリ迫撃砲2個小隊、大隊本部中隊の2分の1、通信小隊の2分の1――は空軍のC－54輸送機6機でプサンへ飛び、7月1日午前11時、短時間の悪天候の切れ目をついてプサン空港に着陸した。

空輸した火砲は無反動砲2門、迫撃砲2門だった。スミス支隊はただちに車両でプサン駅に移動、列車でテジョン（大田）を目指し、翌2日午前8時にテジョン駅に到着。第1大隊の残余の部隊はD中隊長の指揮下で板付空軍基地に止まり、7月1日の遅い時間に福岡港に移動、乗船してプサンに向かって出航した。

7月2日朝、テジョンで、チャーチ准将（前進指揮所兼連絡班の指揮官）は、スミス中佐に、地図を指さして「スウォン（水原）北方で敵の動きはほとんど見られない。米軍は韓国軍を支援し、そして彼らの精神的支柱となる」と語り、「いまいちばん大事なことは、戦車を見ても逃げない兵士をここ（スウォン）に注ぎ込むことだ」と続けた。

米陸軍には根拠のない自信がみなぎっていた。「俺たちの姿を見ると、北朝鮮軍は武器を捨てて逃げる」……と。チャーチ准将の自信はギムレット（第21歩兵連隊の愛称）の兵士にも共有するものだった。北朝鮮軍は米軍が到着していることを知ると即座に戦意を喪失、ギムレットは数週間もすれば全員が熊本に帰れる……と。

●スミス支隊のオサン（烏山）北側稜線での戦闘

第24師団長ディーン少将は、7月4日午前0時1分から在韓米軍の指揮権を発動した。師団長の企図は、北上中の第34歩兵連隊をピョンテク（平沢）～アンソン（安城）の線に配置して同地を固守させ、南進中の北朝鮮軍を阻止する腹案だった。このためには、先遣していたスミス支隊をオサン（烏山）北側高地に前進させて敵の南下を遅滞させ、第34歩兵連隊が陣地を構築する時間を稼ぐことが必要だ。

４日深夜、スミス支隊の車両縦隊は、降り止まない雨の中、南下する韓国軍兵士や避難民をかき分けながら北上した。スミス支隊は、**7月5日午前3時頃、**オサン北側の稜線（海抜１００メートル前後）に到着した。

支隊は、主要道路をはさんで稜線の左側にB中隊を、右側にC中隊を、さらにC中隊の1個小隊を翼側防護のために後方に配置し、先ず個人用掩体（タコツボ）の掘開から始めた。

各中隊に75ミリ無反動砲1門をそれぞれ配備、１０７ミリ迫撃砲2門はB中隊の後方３５０メートル付近に配置した。北朝鮮軍を迎え撃つ全戦力は稜線上の約1・6キロメートル正面に展開した2個小銃中隊だった。第52野砲大隊のA中隊（１０５ミリ榴弾砲6門）が、歩兵を支援すべく、後方１８００メートルに陣地を占領した。

同日午前7時頃、北朝鮮軍第１０７戦車連隊のT－34戦車33両が米軍部隊を無視して主要道路を突進、稜線を通過して南下を試み、同地で擱座した4両を除いて全戦車がオサンに向かった。スミス支隊にはT－34戦車を阻止できる手段（地雷、対戦車砲など）がなかったのだ。

ていた。韓国軍第17連隊の1個大隊が米野砲大隊A中隊の南に、連隊主力がオサンに位置していた。韓国軍大隊は戦車が峠を越えるのを見て四散し、連隊主力も戦車がオサンの街に突入するとも慌てて離脱した。韓国軍は開戦以来〝戦車恐怖症〟に染まっており、戦車を見ただけで敗走する癖がついていた。韓国軍の主要な対戦車手段は、2・36インチバズーカ、37ミリ対戦車砲、57ミリ対戦車砲などで、北朝鮮軍のT－34戦車には歯が立たなかった。

4時間後の午前11時頃、北朝鮮軍第4師団（第16連隊、第18連隊）の車両縦隊と長蛇の歩兵が姿を現した。11時45分、スミス支隊は全火力（無反動砲、迫撃砲、榴弾砲）をもって不意急襲的に射撃を開始、北朝鮮軍に大きな損害を与えた。

北朝鮮軍はこの状況に沈着冷静に対応した。北朝鮮軍は火力支援基盤を設定して、稜線を占領しているB中隊とC中隊を火力でその場に釘付けにし、歩兵部隊の主力がスミス支隊の両翼を包囲する動きを見せた。

午後2時30分頃、支隊は上級司令部との通信連絡が途絶し、増援部隊の来援も弾薬などの補給も見込みが立たなかった。スミス支隊長は自分の部隊がやるべきことはすべてやり終えたと判断し、離脱すべき潮時、と決断した。

昼間に敵の火力下で離脱することは至難だ。離脱開始までに多くの時間を要し、敵の圧迫は一段と強くなった。陣地は完全に包囲され、組織として戦闘しながら離脱できるチャンスは皆無だった。兵士は迫撃砲・無反動砲・重機関銃など組単位で操作する兵器や個人火器を放棄した。

兵士が装備をひとたび放棄すれば、もはや烏合の衆だ、兵士たちは自分の身を守るためにバラバラになった。この状況ではやむを得なかったが、支隊は戦死者と担送患者25人から30人を現地に残置せざるを得なかった。

翌6日朝、支隊はチョナン（天安）で中隊の生存者と合流した。合流した兵員数は250人で、当初兵力の半分に減少していた。その後の数日間で生存者の数は増えたが、支隊の行方不明者は下士官・兵148人、将校5人だった。

スミス支隊が戦場に遺棄した装備は、107ミリ迫撃砲2門、75ミリ無反動砲2門、機関銃数挺、105ミリ榴弾砲6門だった。支隊は最終的にテジョン（大田）まで下がって、再編成し、再補給し、そして戦闘への復帰を準備した。

●第24歩兵師団の遅滞行動

第24師団は、オサン後も、逐次到着する第21歩兵連隊主力、第34歩兵連隊、第19歩兵連隊を逐次に要線に配置するが、いずれの戦線もオサン同様の戦闘結果となり、北朝鮮軍の南進を阻止できなかった。

7月13日、第8軍司令官ウォーカー中将が韓国に到着、在韓米軍に対する指揮権を発動して、テグ（大邱）に司令部を置いた。13日の時点でウォーカー中将が動かせる兵力は、プサン兵站司令部を含めておよそ1万8000人。横浜で乗船中の第1騎兵師団が8日にポハン（浦項）に上陸し、第24師団を増援する予定だった。

7月13日の時点でディーン師団長が掌握していた第24師団の現員は1万1440人、その内訳は21連隊1100人、34連隊2020人、新鋭の19連隊2276人、師団砲兵2007人などだった。韓国渡航時に1万5965人だった師団は、1週間の遅滞行動で4525人の兵員と3個大隊分の装備を失っていた。


ディーン師団長は、北朝鮮軍戦車の進出が予想される19日にテジョン（大田）から撤退する腹積もりだったが、ウォーカー司令官の意図〔ウォーカー中将は第24師団の現状を知悉していたが、第1騎兵師団と部隊交代が可能な7月20日まで第24師団がテジョンを固守することを期待した〕を承知して、自らテジョン市中に残り、完全被包囲の中で20日まで戦って脱出を試み、山中で36日間彷徨したのちに捕虜となった。

第24師団はテジョンの戦闘で、師団長を失っただけではなく、戦闘に参加した3933人のうち1150人の兵員を失い、使用した装備の全てを失った。(同前)

第1騎兵師団が第24師団と部隊交代した後、米第8軍と韓国軍の部隊は、韓国に残された地域を守るために、釜山橋頭保として知られるナクトンガン（洛東江）の線に後退するまでに、1カ月以上北朝鮮軍の進出を遅滞した。

第24師団は米軍部隊が果たすべき重荷を約2週間担ったが、師団各部隊の任務遂行能力は期待と可能性を大幅に下回った。この問題の核心は、米第8軍が本来の戦闘機能を喪失して。次の戦争への備えを欠いたことに本質的な原因があった。

●朝鮮戦争の初戦敗北の本質的な原因

第2次大戦後、米陸軍は動員を解除したが、ファシズム復活防止のために、ドイツ、オーストリア、イタリア、トリエステ、日本に占領部隊を置いた。動員解除の進捗とともに海外に駐留する部隊はその規模を縮小し、さらに財政事情により、人件費にその多くが費やされて装備の近代化と大規模訓練は抑制を余儀なくされた。結論的に言えば、米軍は次の戦争への準備が皆無だった。

①**占領は戦闘即応態勢より軍事警察機能を重視。**第8軍は、わずか数年間のうちに、折り紙付きの精強部隊からコロニアル・アーミー（植民地軍）の弱兵へと変容した。日本駐留の軍隊は占領政策の典型的な申し子だった。歩兵連隊と野砲大隊は編成定数の3分の2となり、縮小された平時の編成ですらその定数を下回った。師団は装備と部品が不足するだけではなく整備もできず、最低限度の訓練もできなく、指揮官やリーダーの大半は訓練自体に関心すら抱かなかった。師団は、何はさておき占領の支援が最優先で、それは戦闘への準備とはまったく無関係で、将校も下士官・兵も植民地軍の甘美な生活に溺れて、第2次大戦で研ぎ澄まされた鋭い牙を完全に抜かれてしまった。

②**実戦的訓練が間に合わなかった。**ウォーカー第8軍司令官は、着任後、占領軍の劣化にブレーキをかけるべく、訓練最優先に任務を修正した。それでも連隊はなお1個大隊戦闘チームが欠だったが、連隊の編成を合理化して、平時編成の定数を満たして実戦的訓練の基盤を整えた。だが、これは部分的な成果に過ぎず、火器と装備の不足を埋めるには至らなかった。戦車・歩兵・砲兵が一体となって機

動できる演習場の確保もできず、また部下の将校・下士官・兵に次の戦争がありえることを納得させることもできなかった。

③韓国軍と協同するための支援機構がなかった。第24師団は最低限の支援すら欠いたまま朝鮮半島に出動した。韓国軍との協同作戦に伴う各種問題を解消するのに必要な同軍との接触や調整のための機構がなく、補給に必要な兵站機構がなく、敵に関する情報もなく、深刻な戦闘体験も共有されなかった。

④敵（北朝鮮軍の実力）を知らず、己（自軍の実力）も知らない、張り子の虎。北朝鮮軍の戦闘能力で最重要なことは、北朝鮮軍が戦車と歩兵の圧倒的な戦力で攻撃したことだ。彼らは事前に十分な戦闘予行を行ない、ワン・パターンだが、効果的な機動方式を用いて攻撃した。北朝鮮軍は戦車の突進、歩兵の攻撃、圧倒的な砲撃によって米軍部隊をその場にくぎ付けにし、米軍部隊が正面の敵に対応している間に、後方の指揮所と野砲／迫撃砲部隊を目標として両翼から包囲し、その後、歩兵が米軍の退路を遮断して、米軍の増援と再補給を妨害した。

⑤**予備隊のない編成は本質的に脆弱。**後方での北朝鮮軍の試みが功を奏すと、米軍部隊は後方を物理的に遮断されたことへの精神的ストレスへの耐性がなかった。第21／第34連隊はともに2個大隊しかなく、必要な予備隊を配備できなかった。北朝鮮軍師団を止めるために第一線を占領しても、予備隊を持たない縦深配備の薄い大隊では、敵を止めるチャンスは現実的にほとんどなかった。退路を遮断されると、米兵は逃げることだけを考えた。

ディーン第24師団長自身がテジョン（大田）で戦闘に参加した頃には、第24師団は疲労の極に達しており、師団の生き残りの兵士たちは衰弱し、士気阻喪し、そして疲労困憊しており、休息と再編成が必要だった。

★イア・ドラン渓谷——第1騎兵師団の初戦

●ベトナム戦争における正規軍同士の初戦

1950年代後半から、ベトナム民主共和国（以下北ベトナムと略称）とアメリカ合衆国（以下米国と略称）は、ベトナム共和国（以下南ベトナムと略称）の内戦への介入を徐々に増やした。1965年、北ベトナムと米国は、正規軍を直接戦闘に参加させるようになり、両者の南ベトナム内戦関与の度合いが一段と高まった。

その結果生じたのが、米国軍隊と北ベトナム正規軍との最初の正面衝突、すなわちイア・ドラン渓谷の戦闘（1965年10月～11月）だ。それは両極端にある異質の軍隊同士の古典的な血の海で、ベトナム戦争を長期化させる戦闘の発端となった。

米国の内線への介入は、ケネディ大統領暗殺（1963年11月22日）後に発足したジョンソン政権から本格化した。米国はトンキン湾事件（1964年8月2日）を口実として北爆を開始（1965年2月7日）、やがてそれが常態化した。

1965年3月8日、米地上戦闘部隊（海兵隊2個大隊、陸軍空輸部隊、ホーク地対空ミサイル部隊など）3500人が南ベトナムのダナンに上陸した。米国はベトナム戦争への大量直接介入に踏み切り、以降急速に兵力を拡大、1968年のピーク時には55万人弱に達する。

1965年秋、米国と北ベトナムの正規軍同士の初戦が、南ベトナムの中央高原地帯のイア・ドラン渓谷で生起した。それは新編成の米陸軍第1騎兵師団と北ベトナム正規軍（第32連隊、第33連隊、第66連隊）との本格的な戦いだった。戦闘は異常に血なまぐさく、野蛮な接近戦となり、双方ともに多数の死傷者を出した。

北ベトナム軍は、その発足の原点から、産業化以前の社会を色濃く反映していた。軽武装・軽装備の北ベトナム軍は隠密かつ徒歩機動を持ち味とした。一方の合衆国陸軍第1騎兵師団（空中機動）は、最先端技術で編成装備された世界ナンバー・ワンの軍隊で、ヘリコプターによる機動力と近代兵器による破壊的な火力を特色とした。（『アメリカ陸軍の初戦』）

北ベトナムも米国も、この戦闘の偉大な勝利を呼号した。米陸軍はこの短期の戦闘結果からその優位性を誇示した。第1騎兵師団は中央高原地帯で北ベトナム軍の主攻勢を挫折させ、戦火を交えた3個連隊に10倍以上の損害を与えた、と。

イア・ドラン渓谷での空中機動戦の成功と北ベトナム正規軍に与えた甚大な損害が、米陸軍のリーダーたちに、「索敵撃滅（サーチ・アンド・デストロイ）」の推進によりベトナム戦争の勝利を計算できる、と確信させたのだ。

●北ベトナム正規軍の特性

北ベトナムは、１９６５年までに編成、訓練、装備の整った精強な近代的な陸軍を作り上げ、中国との国境に部隊を配置していた。北ベトナム軍は兵員50万人以上を数え、準軍隊の即応予備がその背後に控えていた。各師団は編成定数1万人、機動力発揮を重視した軽武装・軽装備で、南ベトナムでは定数以下で戦闘した。

北ベトナム軍歩兵は、通常、中国製の拳銃、7・62ミリ小銃、3〜5個のポテトマッシャー手投げ榴弾を携帯した。南ベトナムの戦場では、歩兵師団は3個歩兵連隊の編成、各歩兵連隊を火器中隊（60／82ミリ迫撃砲、57／75ミリ無反動砲、重機関銃などを装備）が支援した。訓練は偽装、爆発物の使用、小部隊戦術を重視、夜間／最悪条件下での野外訓練を頻繁に実施した。

北ベトナム軍は、戦争を決定する要素は人であって兵器ではないことを絶えず強調し、軽武装で戦うことを当然視した。戦闘では最も有利な地形を利用し、休憩時ですら壕を掘り、偽装は芸術の域にまで達していた。不利な条件下では直接戦闘を回避し、敵の強点よりはむしろ弱点部位を攻撃した。土地の固守にこだわらず、敵が対策を講ずる以前に戦場から離脱し、交戦の瞬間に小銃と機関銃で最大限の損害を与えることを優先した。

北ベトナム兵は伏撃（アンブッシュ）の手練れだった。行動を綿密周到に計画し、決行以前には必ず予行を実施した。準備に1カ月以上かけて弾薬と補給品を集積し、複雑な地下壕システム（トンネル）を掘開し、攻撃発起位置、伏撃点、離脱経路沿いに食料と弾薬を貯蔵した。

北ベトナム軍戦術の特色は運動と小部隊機動で、部隊は、敵の火力効果を最小限に抑えるために、可能なかぎりすばやく敵に接近し、〝抱きつき〟状態の至近距離を維持して、白兵戦を行なうことを常套手段とした。

北ベトナム軍は兵力を1点に集中して敵部隊を圧倒することを追及、50ないし75人の兵士で包囲することに習熟。戦場での生存はいかに離脱するかがポイントで、戦術ドクトリンは後退を前進と同じく重要視する。ときには、離脱を容易にするために反撃を敢行する。離脱経路が遮断されたと判断した場合、敵の弱点部位を攻撃してから地下壕へ滑り込む。

バーナード・フォール（フランス人、ベトナム研究家）は、1965年9月、その著書『The New Communist Army』で「北ベトナム軍は世界でベストの歩兵戦闘部隊の1つで、信じがたいほどの忍耐力があり、圧倒的な火力と最悪の物理的条件下において蛮勇を発揮することができる」と誇張なしで評価している。（『アメリカ陸軍の初戦』）

●第1騎兵師団（空中機動）の創設

1960年代における米陸軍の最も重要な革新は空中騎兵師団の創設だった。ヘリコプターは朝鮮戦争で有効に使用されたが、技術の進歩につれてヘリコプターの可能性は無限に広がる、と考えられるようになった。

ヘリコプターはベトナムの顧問団時代に広範囲に使用され、作戦立案者たちは、ヘリコプターは地上行動が困難な地形において、ゲリラ部隊の発見と戦闘の基本的問題を解決する手段となり得る、と見なすようになった。

マクナマラ国防長官は、固有ヘリコプターを大量に装備する完全な師団の創設を主導して、1962年4月19日、陸軍長官に対して次のような覚書を送った。陸軍の航空機購入計画は、あまりにも控えめで、当面する要求を満たしていない、機種構成比率も適正を欠いている、との3つの主要な批判がその内容だった。

①陸軍は、地上機動に限定されている伝統的な機動からの脱皮が可能となる、技術上の絶好の機会を完全に追究していない。

②費用対効果の面から、地上に膚接して行動する陸軍の航空機は、一般に考えられ

ている以上に効果増が期待できる。

③空輸は、平時でも鉄道輸送や船舶輸送より安上がりであり、有事では一層その価値は高い。したがって陸軍は、陸上輸送方式から空中機動に転換して戦える可能性を検討すべきであり、輸送方式としての陸軍航空機を大規模に装備する必要がある。結論によっては、陸軍の作戦、特に戦場機動、戦闘の革命的転換をも排除すべきではない。

米陸軍は徹底した集中研究の後、実験師団（第11空中攻撃師団）を編成して数年間実験を繰り返し、1965年6月に第1騎兵師団（空中機動）の編成を完了した。編成完結当時、当師団は自他ともに認める米陸軍のエリート部隊の1つだった。

合衆国騎兵隊の大半は、伝統的に、竜騎兵（ドラグーン）として運用された。彼らは馬に乗って戦闘におもむきそして徒歩で戦った。第1騎兵師団（空中機動）はこの騎兵の伝統を受け継いでいる。師団の騎兵は自動火器を使用し、空中ロケット砲兵――輓馬砲兵の空中機動版――の支援を受けるが、戦闘時にはヘリコプターから降りる。（Shelby Stanton 著『The 1st Cav in Vietnam』）

師団は、約400機のチヌーク（CH－47）／イロコイ（UH－1）ヘリコプターを使用して、1万6000人の兵員、野砲、陸上車両を空中から地上戦闘へ投入できる。4機の〝空飛ぶクレーン〟（CH－54）は、航空機を吊り上げ、1個大隊3日分の戦闘糧食を運搬し、あるいは重砲（155ミリ榴弾砲）を砲側員・弾薬とともに運搬できる。師団のヘリコプターは1時間以内に1万人以上の部隊を戦場地域に降着させることができる。

師団の最大の強みは、あらゆる地形を克服し、広域へ空中機動し、敵の攻撃に対して迅速に増援し、敵の後方戦線を襲撃できることだ。師団長は「空中機動というアイディアは、過去の地上部隊では実現できなかった種類・程度の奇襲、行動の自由、スピードを与えてくれた」と自賛した。

●通常戦思想とゲリラ戦思想のかみ合わない衝突

ベトナム戦争は米軍の通常戦思想と北ベトナム軍のゲリラ戦思想の衝突で、米軍の惨敗で終止符を打った。とはいえ、米陸軍が「空中機動」という画期的な戦い方を開発したことは注目に値する。最先端師団を対ゲリラ戦という非対称的な環境での使用には疑問が残るが……。

１９６５年10月27日、ベトナム派遣軍最高司令官ウエストモアランド大将は、第１騎兵師団長キナード少将にプレイミ西方地域における「索敵撃滅（サーチ・アンド・デストロイ）作戦」の実行を命じた。索敵地域のイア・ドラン渓谷は２５００平方キロメートルの無住の原野。空中機動による「索敵撃滅」は次のようなイメージだ。

①先ず偵察ヘリコプターが敵を発見し、敵をその場に釘付けにする。
②次いで安全な中間準備地域で攻撃部隊が輸送ヘリコプターに乗り込む。
③輸送ヘリコプターが戦闘地帯に近づくと、搭乗部隊が降着地域（ＬＺ：ランディング・ゾーン）を急襲できるように、攻撃ヘリコプター、砲兵、固定翼機がＬＺを砲爆撃する。
④降着部隊が敵と接触した場合、ただちに増援部隊を追送し、さらなる砲兵火力と近接航空支援を要求する。
⑤降着地域（ＬＺ）の安全が確保された以降は、ＬＺを各種の攻撃・防御のための拠点として使用する。

第1騎兵師団は、11月24日までの約1か月間、イア・ドラン渓谷で北ベトナム正規軍を相手にイア・ドラン作戦を展開した。

先ず第1旅団（ロバーツ大佐、4個歩兵大隊、1個野砲大隊など）による大規模な空中索敵と地上索敵を実施した。次いで、第1旅団と部隊交代した第3旅団（ブラウン大佐）の3個大隊（第7騎兵隊第1大隊、第7騎兵隊第2大隊、第9騎兵隊第1大隊）にチュポン山塊周辺地域の索敵を命じた。

この間に、「LZエックス・レイ」の戦闘（北ベトナム軍の白兵と米軍の空地一体の火力戦）、「アルバニー」の戦闘（北ベトナム軍の伏撃による一方的な白兵戦）が起き、米軍・北ベトナム軍の双方に大量の戦死傷者が発生した。

●LZエックス・レイの戦闘

1965年11月14日、LZエックス・レイの戦闘が始まった。

第7騎兵隊第1大隊長ムーア中佐は、ヘリコプター8機ないし10機が同時に降着できる唯一の場所という理由で、チュポン山塊東麓の草地に100メートル×200メートルの降着地（LZエックス・レイ）を選定した。

降着地は灌木の藪と背の高い樹木に囲まれ、密生したエレファントグラスと約2メートルのアリ塚に覆われ、必ずしも理想的な場所ではなかった。大隊長は未確認だったが、わずか数キロメートル離れた場所に北ベトナム軍が潜伏していた。

大隊が降着を開始したとき、降着部隊を攻撃するために、北ベトナム軍第66連隊が前進中だった。LZエックス・レイの戦闘は、敵の行動を承知していた北ベトナム軍と、敵が接近中であることを知らなかった米軍との遭遇戦だった。

大隊長は、B中隊と共に地上に降り立ち、LZ中央の大きなアリ塚の位置に大隊指揮所を開設して、ただちに後続部隊に降着を命じた。C中隊に引き続いてA中隊が到着すると、大隊長はA中隊とC中隊に、西北方向のドラン河河床の激しくなっていた銃撃戦への増援を命じた。

4番目のD中隊に着陸許可を出す直前に状況が急変。北ベトナム軍（第66連隊）の正確な自動火器の射撃がLZエックス・レイ全体を掃射し、大隊指揮所のアリ塚をなぎ倒した。このようにして第7騎兵隊第1大隊はエックス・レイ降着直後から血みどろの戦闘に巻き込まれた。

大隊長は、降着前、B中隊に、北ベトナム軍の存在が予想される西方のチュポン山塊正面に陣地を構築するよう、準備命令を与えていた。B中隊が第66連隊の2個中隊と鉢合わせしたのは、降着地からほんのわずかの距離だった。

先頭を移動中のB中隊第2小隊はすぐさま後方を遮断され、北ベトナム軍250人に包囲され、〝タコつぼ〟を掘る余裕すらないほどの銃撃を浴びた。「頭を数インチ動かすだけで弾が飛んできた」と生存者の兵士が証言している。

第2小隊は24時間以上後方を遮断され、小隊長と小隊軍曹は戦闘発生の早い段階で倒れ、27人のうち8人が死亡、12人が負傷、無傷の兵士は7人だった。2日後の16日午後、第3騎兵隊第2大隊が、近くの「LZヴィクター」に降着し、地上を徒歩で移動して孤立していた第2小隊の生存者を救出した。

ムーア大隊長は、大隊が分断され小間切れにされることを想定して、14日午後遅く、各部隊を降着地に引き上げて円陣防御の態勢をとった。大隊は、後に第7騎兵隊第2大隊の増援を受け、11月14日夕から16日朝までLZエックス・レイを守り抜き、北ベトナム軍の人海戦術による波状攻撃を撃退した。北ベトナム兵は、ときには、米兵の〝タコつぼ〟の近くまで忍び寄り、超接近戦や白兵戦を仕掛けた。

ヘリコプターは、激しい銃撃戦の中でLZエックス・レイへの到着と出発をくり返して兵員と補給品を送り続け、負傷者を後送した。戦闘たけなわの時期には喧騒と混乱がひどく、米兵は手信号でなければ通信できなかった。

ムーア中佐は、混乱とパニックに近い状況下で、沈着冷静に指揮した。1機のA1Eスカイレーダーが大隊指揮所にナパーム弾を誤って投下し、小銃弾と擲弾の予備を炎上させた。空軍のF4CファントムとF100戦闘爆撃機が、地上すれすれの攻撃で蝟集している〔人海戦術〕北ベトナム軍の中央にクラスター爆弾を投下、この大胆な航空支援により北ベトナム軍の攻撃波はバラバラになり、このおかげで疲労困憊し強圧下にあった騎兵たちは最も困難な時期に陣地を守り抜くことができた。(『米陸軍の初戦』)

北ベトナム軍に包囲されたエックス・レイの第7騎兵隊第1大隊を救ったのは、米軍の圧倒的な火力だった。戦闘発生以降、米陸軍と空軍は地域内の敵部隊の頭上に信じられないほどの大量の砲弾と爆弾を注ぎこんだ。

砲兵はLZファルコンから8000発以上の砲弾を発射し、14日だけで4000発撃った。空軍の戦闘爆撃機は15分ごとに対地攻撃を行ない、近接航空支援として初めてB－52爆撃機がグァムから96ソーティー飛来、チュポン山塊に大量の爆弾を投下した。空軍と陸軍航空機のソーティー(出撃機数)は、11月15日から20日にかけて350以上だった。

11月16日、エックス・レイの戦闘が終わった。攻撃した北ベトナム軍部隊は、米軍の円陣防御を突破できず、かつ米軍砲兵と航空機による甚大な損害を蒙り、LZエックス・レイ地域から離脱を余儀なくされた。ムーア大隊は、休息と再編成のために根拠地に空輸された。第5騎兵隊第2大隊と第7騎兵隊第2大隊がLZエックス・レイを一時占拠したが、第1旅団はLZエックス・レイを11月17日に放棄した。

米側は、北ベトナム兵は600人以上が死亡し、さらに1215人が死亡または負傷していると推定した。米兵の損害は「モデレイト（中程度）」と説明したが、公式報告によると戦死79人、戦傷121人で、複数の中隊が多数の死傷者を出した。

●アルバニーの戦闘

11月17日、増援部隊だった第7騎兵隊第2大隊は、ヘリコプターで脱出を予定していた10キロメートル北の「LZアルバニー」までの掃討を命じられ、移動間にドラン河のすぐ北で壊滅的な伏撃を受け、虐殺が翌日まで続いた。同大隊はリトル・ビッグホーンで虐殺された〔1876年6月25日〕カスター将軍の第7騎兵隊の直系部隊だった。

同時間帯に、偶然ながら、北ベトナム軍第66連隊第8大隊が、近くのLZを攻撃するために、米軍第2大隊と同じ方向へ前進中だった。斥候が米大隊を発見すると、北ベトナム軍はおよそ20分間で集結し、伏撃の態勢をとった。アルバニーのすぐ近くの大地を覆うジャングルの中で、北ベトナム兵は樹木、アリ塚、藪の背後にすばやく身を隠した。

北ベトナム軍は、米軍大隊の尖兵と後続の長い縦隊をおよそ1000メートルの空間でL字型に封じ込め、職人技の伏撃で米軍を徹頭徹尾撃破した。第2大隊4個中隊のうち3個中隊が、死のワナの中で北ベトナム軍の狙撃手と機関銃手に不意に襲われ、射撃から逃れようとした兵士たちは、耳をつんざくような騒音と阿鼻叫喚の中で、味方同士でお互いに撃ち合った。

生存米兵の記憶によると、17日午後いっぱい、伏撃された現場は硝煙、砲弾、悲鳴、うめき声、恐怖、弾丸、流血、米生存者を発見して狂喜乱舞する北ベトナム兵、あるいは手りゅう弾や弾丸を浴びて悲鳴をあげて呻く北ベトナム兵で満ちていた。ヘリコプターは夕方まで増援部隊を降着させることができなく、米兵が応急的な円陣防御の態勢をとり、砲兵と航空機の支援を受けるには数時間が必要だった。

ある部隊はナパーム弾を直接浴びたが、米空軍機の近接航空支援が複数の中隊を全滅から救った。北ベトナム兵は、終夜、円陣防御に圧迫を加え続け、負傷した米兵を冷酷に殺害した。夜明けとともに、彼らはすばやく姿をくらました。

伏撃された部隊は少なくとも60パーセントが損害を蒙り、公式報告によると、部隊の450人のうち151人が殺害され121人が負傷した。伏撃の中央部にいた1個中隊は93パーセントの損害をこうむった。米側の計算によると、北ベトナム軍は400人以上の兵士を失った。

LZエックス・レイの戦闘とアルバニーの戦闘は米軍にとって不期遭遇戦となり、北ベトナム軍の超接近戦＝白兵戦が米軍に甚大な損害を与えた。この両戦闘における米軍の戦死者と戦傷者の比率は334対736すなわち「1対2・2」で、第2次大戦と朝鮮戦争の「1対4」と比較しても戦死者の比率が2倍も高かった。

米兵の戦傷者の大半は北ベトナム軍の小火器射撃が原因で、多くが頭部と胸部を撃たれており、砲弾の破片による負傷者はいなかった。北ベトナム兵は米軍の近接航空支援と砲兵火力により、米兵は北ベトナム軍の小火器射撃により、それぞれが大損害を蒙った。

第3旅団と交代した第2旅団（リンチ大佐）は南ベトナム軍空挺旅団とともにカンボジア国境からチュポン山塊までの掃討作戦を行ない、以後数日にわたって、北ベトナム軍第32連隊、第33連隊、第66連隊の残存部隊を一掃した。

米軍司令部は、北ベトナム軍部隊の大部分はカンボジアの国境を越えてサンクチュリア（聖域）に撤退した、と結論付けた。このようにして、1965年11月24日までに、第1騎兵師団のイア・ドラン作戦が終了した。

●米陸軍は第1騎兵師団の初戦から何も学ばなかった

第1騎兵師団全体としての評価は現実問題として困難だった。その理由は、3個旅団は自己完結編成のためにそれぞれ独立しており、イア・ドラン渓谷の戦闘に参加した部隊とそうでない部隊との違いが大き過ぎたからだ。

第3旅団は、LZエックス・レイとアルバニーで北ベトナム軍と激しい戦闘を交え、初戦の現実を深刻にとらえた。多くの戦闘参加者は「士気は最低で、ショックは最大だった」と戦闘直後に証言している。米陸軍は結果的には第1騎兵師団の初戦から何も学ばなかったが、以下、いくつかの視点からこれらを分析してみよう。

①初戦は勝利だった？ ウエストモアランド最高司令官は、イア・ドラン作戦を「その行動、参加兵力の規模、友軍部隊の成功の度合に鑑みて、空前の勝利だっ

た」との声明を発表した。同作戦は、索敵撃滅作戦の推進により、解放戦線と北ベトナム軍主力部隊を撃破し、結果として北ベトナム軍の戦闘意志を破砕できる、というウエストモアランドの戦略思考――対北ベトナム軍損耗比率の優位を高める――を補強した。

②**作戦から得られた教訓。**米陸軍は、北ベトナム軍の戦闘方式（米軍部隊と混在して米軍火力による損害を回避する）を実行させないために、砲兵火力と近接航空支援が友軍に多少の被害を与えるとしても、これら火力発揮を早期にかつ近接して行なうべきと強調した。

③**イア・ドラン作戦は表面的な勝利に過ぎなかった。**イア・ドラン作戦は、費用対効果の面で犠牲に見合わないほど高くついた。米陸軍はこの事実を真っ当に評価し反省することなく、有意義な勝利と見なした。

④**真摯さを失って将来に禍根を残した。**作戦はリーダーシップ、ドクトリン、戦略の有意義な変更をもたらさなかった。陸軍当局は、米国は正しい道を歩んでいる

と強弁し、変化の試みを妨害すらした。事実、それは将来に表出する多くの諸問題を暗示し、より多くの索敵撃滅作戦、無差別な破壊、無数の勝利、そして究極の挫折をもたらした。

⑤近代軍はベトナムの戦場には似合わなかった。 ケサン基地攻防戦（1968年1月〜4月）やフエの戦闘（同年1月〜2月）のような正規軍同士の通常戦では、近代装備の米軍（陸軍・海兵隊）は北ベトナム正規軍を圧倒した。だが、熱帯性ジャングルと山岳地帯という戦場の地形・気象を活用する北ベトナム軍のゲリラ戦術に対しては、通常戦を前提とする近代的米軍もその特性を発揮できなかった。

⑥マクナマラ国防長官の戦争指導の失敗。 彼の戦争指導はコンピューターによる統計的分析「テクノウォー」だった「米軍が敵をどんどん殺していけば、いつかは敵の兵員補給能力が追いつかなくなる。そうすれば、共産主義勢力に率いられた軍隊はおのずと戦闘の継続を断念するだろう、それが唯一、合理的な対応だ」と考えた。分析には様々なデータを使用したが、行き着くところはボディカウント（死体数）だった。ベトナム戦争後、マクナマラは「ベトナム戦争への介入は間

違いだった」と回顧している。すなわち、彼は国防長官として、ベトナムの歴史・文化・気候・地政学的知識などを研究することなく、ドミノ理論をふりかざして、ゲリラ戦のような限定戦争に適さない近代軍事力を大量に投入したのだ。

⑦**索敵撃滅は対ゲリラ戦には適合しない。**索敵撃滅は何ら特別な戦法ではない。すなわち、敵を見つけ、その場に拘束し、圧倒的な戦闘力を集中して打撃し、敵を撃滅することだ。索敵撃滅作戦は欧州の平原での通常戦には有効だが、非対称的なベトナムの対ゲリラ戦には適合していない。ベトナム戦争では、「索敵撃滅作戦」と「ボディカウント」が結びついて、ベトナム戦争を象徴するマイナス・イメージの特殊用語となった。

第３章　「初戦」の勝利を目指して——軍の再生と再建

●ベトナム戦争後の米陸軍

軍隊には、パラドックスでもありユーモアでもある、次のような教訓がある。すなわち、軍隊の性格は本質的に保守的で、おしなべて変化に抵抗する傾向が強い。このような軍隊にとって、**かつて想像すらしなかった惨状は、しばしば、軍隊が自らを改革する最も確実な触媒となる**、というものだ。

１９７３年３月29日、南ベトナム駐留米軍が撤退を完了し、ニクソン大統領が「名誉ある撤退」と自画自賛したが、現実は米軍の惨敗だった。米軍の撤退と同時に、徴兵制が停止され、以降米軍は志願兵制へと移行する。ベトナム戦争は終わったが、大義なきベトナム戦争への介入はアメリカ社会に深刻な傷跡を残した。

ベトナム戦争で明らかになった米陸軍の内情は絶望的だった。１９７０年代初期、米陸軍は、無気力と退廃と不寛容がはびこり、組織存続のためにだけ存在しているにすぎなかった。在欧陸軍の40パーセントがドラッグ経験者、その大半はハシシ（大麻の樹脂を固めた麻薬）で、未成年者の7パーセントがヘロイン中毒だった。

在西ドイツ（当時）米陸軍では犯罪と脱走が目立ち、約12パーセントの兵士が犯罪者として罪を問われた。ある部隊では、無法者兵士の反乱に近い状態の新秩序が確立され、兵営は強要と蛮行が横行し、黒人兵士と白人兵士の闘争の場となった。

軍隊内部における人種間の暴力沙汰は、駐屯地（キャンプ）の官舎地区にまで拡大し、それは米国内の駐屯地からドイツ国内の駐屯地に至るまで広い範囲に及んだ。兵士たちは下士官、将校、そしてその家族にまで暴行を加えた。

ベトナム戦争での「フラッギング」の実行、すなわち不人気な上官を手榴弾で襲うことは、米兵が実際の戦闘行動を終えた後においても深刻な問題として尾を引いた。１９６９年から７１年の間、米陸軍の公的な調査によると、手榴弾を含む襲撃事例８００件が記録され、将校／下士官の45人が殺害された。

兵士は多くのことを理由に反抗した。ある意味では、彼らの規律の欠如はアメリカ社会の秩序の衰退を映す鏡だった。良し悪しにかかわらず、アメリカ社会の多くは、彼らが共通して抱くベトナム戦争への怒りと不平不満を、ベトナムに派遣された米軍の大部分を占めた陸軍兵士にその矛先を向けたのだ。

ベトナム戦争に参加した米軍兵士の中央年齢は19歳、彼らは18歳で徴集され、個人補充員としてベトナムに送られ、服務期間は12カ月（海兵隊は13カ月）だった。第2次大戦参加兵士の中央年齢26歳と較べると、ベトナムの戦場に送られた兵士の若さが際立っている。

新兵は部隊に所属して部隊で訓練した後に戦闘に参加するのが通例だった。ベトナム戦争では18歳の徴集兵が短期間のローテーションでいきなり補充され、部隊として団結し切磋琢磨するいとまするらなかった。

南ベトナムの戦場では、20歳に満たない未熟な戦闘員による「10代の戦争」が常態だった。下士官学校を終えた若い軍曹も、幹部候補生課程を終了した若い少尉も、ほとんど実地での経験がないままに戦場に送られたのだ。

ポスト徴兵制の志願兵制陸軍へ残りたいと思う者はほとんどなく、進んで志願兵として新陸軍へ参加することを希望したのはほんのわずかだった。結果として、陸軍は著しく質の劣る兵士の受け入れを余儀なくされた。志願兵の40パーセントは高校卒業の資格がなく、41パーセントはカテゴリーⅣの兵士で、彼らは知的適性で最低のグループに属していた。

基準がより低くなっても、軍隊に志願する若い下士官・兵は減り続けた。1974年までに、陸軍は定員が20万人不足し、新兵の再任期目標を11パーセントまで下回った。戦闘部隊は兵員が14パーセント不足した。補充と訓練の不足により、即応態勢にある師団は現役師団13個のうちわずか4個だけだった。

1973年ハリス世論調査によると、米国民は、尊敬する職業の相対順位で軍人をゴミ回収者（清掃員）のわずか上にランクしていた。志願兵制度の内外からの支援が得られないことに直面して、若手の将校と下士官たちに残された道は、自ら将来を切り開くことしかなかった。

●規律の回復は陸軍再生の第一歩

多くの意志堅固なリーダーが志願兵制陸軍に残留して、何としてでも、状況を一変させると決意した。その代表がエイブラムス将軍だった。彼はパットン将軍の後継をもって任じ、陸軍の無気力状態を一掃し、陸軍改革への道筋をつけようと決意した。彼はパットン同様、不愛想と実直でよく知られていた。

1972年から74年まで陸軍参謀長の職にあったエイブラムスは、**改革の焦点を**

「次の戦争を戦う準備ができている」ことに絞った。彼は、参謀長在任間、度重なるスピーチで、激情を籠めて聴衆に次のように語りかけた。

「皆さんは何が今日の私に影響を与えたかをご存じだ。我々は血を流し、また血を流し、そしてまた血を流してきた。我々の準備不足が多くの犠牲者を生んだのだ。私は戦争を欲しない。だが、私は我々がこれまでに支払った人的コストにはゾッとしている。なぜならば、我々は次の戦争を戦う準備をしようとしなかったからだ」

エイブラムス参謀長は、同様に、**「陸軍の価値観の回復」**を固く決意していた。陸軍への冷ややかな視線が大きくなる時期に、絶えず、気落ちしたリーダーたちに陸軍を導いてきた理想を思い起こさせた。それは**「愛国心、清廉、正直、義務に対する献身」**だった。

エイブラムス改革の兆候は欧州で見え始めた。欧州に駐留するリーダーたちは、彼らが直面している犯罪、人種間闘争、プロ軍人の無気力といった困難な問題の解決に向かって動き出した。在欧米陸軍司令官ダビソン将軍は、無法者兵士から兵営の秩序を取り戻す一連のプログラムを開始した。

ドラッグの使用を手当たり次第に検査できる権限、すなわち1973年に施行された「急速放電計画」は、兵営の無秩序に勝利する決め手となる戦闘手段だった。ドラッグ常習者、トラブルメーカー、造反者と認定された兵士たちは、軍法会議の煩瑣《はんさ》な手続きを経ることなく、指揮官の権限で即座に軍隊から放逐された。

在欧米陸軍は、4カ月以内に、1300人の無法者兵士、ドラッグ使用者、ドラッグ売人、その他の犯罪者を免職処分に付した。ダビソン司令官は、これに加えて、在欧米陸軍を無気力に陥れていた人種間の不信と分裂の問題を、黒人兵士と白人兵士が一体となって解決するために、徹底的な「人種啓蒙活動」を開始した。

下士官は、信頼と権威を回復する重要性を自覚し、兵士の苦情と向き合い、指揮系統を回復することによって問題解決に応えた。指揮系統を無視して兵士の嘆願を大隊長に直訴する、いわゆる「下士官・兵組合」は徐々に解体された。

予算の緊縮と1973年のアラブ石油の禁輸は、大規模機動訓練を大幅に縮減したが、年末までには陸軍は兵営から外に出て基礎的事項の再学習に集中するようになった。ダビソンは、兵士の福利厚生と士気の低下に徹底抗戦する後衛戦（リアガード・アクション）を何とか実行できるだけの資金、資源、国民の支持を獲得した。

ダビソン、その他のリーダーたちの絶大な努力により、最低状態だった部隊から、制度的な改革に向かっての重要な一歩となる「規律」が回復した。規律と同様に重要である兵士の質と兵士の生活の質の回復は、陸軍予算の不足のために、70年代末までは実現しなかった。

●1973年10月戦争（第4次中東戦争）の衝撃

平時における軍隊の最も重要な仕事は訓練だ。訓練は基準教範（フィールド・マニュアル）を準拠として行なうが、教範を貫く理念が前の戦争から進歩していなければ、いくら訓練を積み重ねても次の戦争の備えにはならない。

徴兵制度下の米陸軍は動員制が前提で、「アマチュア軍人によるマニュアル重視のマスプロ軍隊」だった。米陸軍の基準教範『オペレーションズ』の性格は、1968年版までは戦術原則書で、攻撃・防御など戦術の一般原則を記述した。76年版からドクトリン（教義）を明確に定め、戦術・作戦術の解説書の性格が強くなった。

基準教範にも〝不易流行〟がある。米陸軍は2001年版以降、不易の戦術原則を独立させ（FM3-90『TACTICS』）、基準教範（FM3-0『OPERATIONS』）は流行のドクトリンを主体として記述した。わが国では、一旦決めたことは金科玉条となりがちだが、米軍には大胆な改革を躊躇しない決断力と柔軟性がある。

1973年10月6日に始まった第4次中東戦争は、停滞気味だった米陸軍のドクトリンに痛烈な衝撃を与えた。現状の戦闘方式は用途廃止の危機に瀕している、すなわち次の戦争には全く役に立たないという現実を思い知らせた。

その日、エジプト軍第2軍／第3軍がスエズ運河を渡河、イスラエル軍のパー・レブ・ラインを突破して、イスラエル軍の想定を超えた巧妙な作戦により、イスラエル軍をシナイ半島の奥深くまで押し込んだ。

同時に、シリア軍5個師団がゴラン高原に殺到、イスラエル軍との地獄のような戦車対戦車の戦闘が始まった。米陸軍は、2正面から攻撃を受けたイスラエル軍が防勢態勢を立て直して主導権を奪回する様を、16日間かたずをのんで見守った。

この戦争は、2つの理由から、米陸軍改革への努力に深刻な影響を与えた。

第1に、第4次中東戦争は、それぞれNATO（北大西洋条約機構）軍とWTO（ワルシャワ条約機構）軍が装備している近代兵器を保有する、イスラエル軍とアラブ側軍隊との間で戦われた初めての大規模衝突だった。この意味で、この戦争は対ソ戦の将来を見通す格好の窓だった。

第2は、この戦闘があまりにも血みどろ、激烈、接近戦で、陸軍以外の政策立案者たちに、瀕死状態の米陸軍は同様な激烈な戦闘を戦う能力があるのか、という深刻な疑念を抱かせた。第4次中東戦争は軍隊の近代化と改革への待ったなしの議論を喚起したのだ。

イスラエル軍の経験は、今日の戦場がかつてなく危険であることを、米軍に明瞭に教えた。合衆国陸軍調査チームがシナイ半島とゴラン高原で見た恐るべき破壊は、地上戦に適用された最も重要な精密革命がもたらしたものだ。

第４次中東戦争では、精密革命は戦車と歩兵の「直接火力戦闘」で最も顕著だった。測距儀、アナログ計算機、戦車砲弾薬の急速な技術的向上は、戦車砲の精確な長距離射撃に画期的な優位をもたらせた。第２次大戦の戦車は、約７００メートルの最大射程で敵戦車を倒すのに平均17発の弾薬が必要だった。１９７３年までに、１８００メートルで敵を撃破するために僅か２発の弾薬があれば十分になっていた。

イスラエル軍もエジプト軍も有線誘導対戦車ミサイルの精密兵器を保有していた。エジプト軍が大量に保有していたソ連製サガー・ミサイルは、旧式だが効果的な第１世代のミサイルだった。イスラエル軍が使用したアメリカ製ＴＯＷは、３０００メートルの距離でほとんど90パーセント敵戦車を撃破した。

イスラエル軍は戦車が戦場を支配する兵器であることをなお信じて疑わなかったが、致死的で破壊力の高い対戦車ミサイル／ロケット砲の出現により、現代戦の戦場は、戦車が単独で行動するにはあまりにも危険な場所となった。

部隊が戦場で生存するためには、すべての戦闘システムのバランスをとること、諸兵種の相乗効果を発揮させることの2点が不可欠となった。大量の有線誘導ミサイルに支援された敵部隊に対して、戦車小隊／中隊が攻撃する場合、攻撃開始以前に、直射火力と間接火力の砲兵で敵の防御システムを制圧することが必須となった。

イスラエル軍の経験は、また、少なくとも見通せる将来において次のことを明らかにした。すなわち、米軍が量的に優勢なソ連軍に対して勝利するためには、優勢な技術にのみ依存することはできないということ。

戦車対戦車の戦闘では、ソ連軍T－62戦車は、とくに近距離において、米軍の旧式M－60戦車と対等であることを示した。ソ連軍BMP歩兵戦闘車は戦場に初めて出現した真の歩兵戦闘車で、西側の軍隊にとって深刻な兵器的奇襲となった。

エジプト軍が実戦で証明したソ連製対空ミサイルと対空砲の量的／質的な強化は、米軍の近接航空支援が、ソ連軍の量的優勢がもたらす直接火力と間接火力のアンバランスを回復する切り札にならないことを示唆した。

明日の敵をソ連軍と仮定すれば、ソ連軍が兵器数の著しい優越のみならず、質的に対等または優越する場合、米軍はどのようにすればて勝利の機会をつかめるのか？

米陸軍は、その答えを、無形資産の取り組みの中に見出した。すなわち「量より質の重視」だ。各兵士がその能力の全てを出しきって戦えるように訓練し、積極的なドクトリンの再構築を通じて優越した戦争遂行方式を創造し、限界のある兵員数の戦闘能力を完璧なものとすることだ。

これまでの訓練とドクトリンの発展的変化は、必ずしもソ連地上軍とのギャップを埋めるには十分ではなかった。米陸軍はベトナムのジャングルで迷走して10年を失っていた。求められていることは「変化ではなく改革」だった。

●訓練の改革――訓練・教義コマンドの創設

理論や思想を提唱するのは〝人〟であるが、昇華された理論や思想を具体化するためには中・長期的な取り組みが必要となる。ポストベトナム戦争で改革／近代化を目指す米陸軍は、この役割を新設した〝機構〟に託した。

機構とは1973年7月1日創設の「訓練・教義コマンド」（TRADOC）。任務は陸軍の将来像をデザインし、適材を募集して基本教育を行ない、幹部要員（将校・下士官）を育成して、勝利する陸軍へと改革することだ。

バージニア州フォート・ユースティスに新設されたTRADOC（以下トラドックと略称）は、およそ5万人の軍人・文官が所属し、戦闘開発から部隊の編成、教育訓練（基本教育～練成訓練）までを一貫して所掌する巨大組織である。

今日のトラドックは、4個の主要コマンド、センターから成り、年間16万人を新規採用し、実施学校（歩兵学校、機甲学校など）で5万人以上の訓練生、学生を教育し、各種センターで50万人を超える軍人や文官を訓練する、文字通りの〝国家の最後の砦〟陸軍を動かすエンジンだ。

時代の潮目には、異色の改革者が登場する。1973年7月にトラドックを創設して初代司令官に就任したデュプイ将軍の強烈な個性が、トラドック草創期に、訓練、ドクトリン、リーダー育成に関する制度大改革の方向を決定づけた。彼の第2次大戦の欧州戦線おける歩兵大隊長としての経験が、「明日の陸軍はいかに戦うかべきか」という理念に決定的な影響を与えた。

彼は、訓練精到で実戦への準備ができている敵（ドイツ軍）に対して、訓練不十分で実戦への想像力を欠いた指揮官が、質の劣る兵士を戦闘に投入して作戦を強行したことを、現場でつぶさに目撃していた。

ベトナム戦争後の訓練方式は、第2次大戦からほとんど変化していなかった。巨大な訓練センターはマスプロ方式で兵士を作り、教育は形式的で丸暗記だった。歩兵や戦車兵にとっての平和時の戦場は演習場ではなく射場だった。学校システム（基本教育体系）は詰め込みと画一的思考の注入だった。将校は教場で戦争の野外行動を学び、同様に混乱していたのは、陸軍が下士官の訓練を極端に軽視したことだ。

トラドックは「**陸軍はあたかも実戦で戦うように訓練すべし**」という単純で直接的なスローガンを掲げ、訓練の抜本的な変革へ舵を切った。訓練の変革は若手将校を教場の外へ追い出すことから始まった。陸軍はスケジュールありきの画一的訓練から、必要なスキル（戦闘特技）を準拠とする訓練に焦点を移した。

訓練のシステム化は、最も複雑な戦闘様相ですら兵士個々のタスク（役割、仕事、任務など）の積み上げから成り立つという定理に基づく。それぞれのタスクは、兵士の熟練度を評価し、その達成度が目に見えるように、条件と基準を設定する。

１９７５年に陸軍訓練・評価プログラム（ＡＲＴＥＰ）が登場して、中隊、大隊、旅団の訓練達成度を計測する重要な牽引車となった。このシステムの客観性は、現実に、駐屯地では優秀と思われた部隊が野外では基準に適合しない、という部隊の現実を赤裸々に暴露した。

とはいえ、このプログラム（ＡＲＴＥＰ）は部隊が戦闘でいかに行動すべきかを示す物差しとしては不十分だった。兵士個人のスキルの積み上げは、クルーや班の練度の精確な評価を提供できるが、大隊や旅団の行動はもっと曖昧模糊《あいまいもこ》としている。

プログラムによる台本通りの一方的な訓練での戦闘経験は、どのように客観的に計測しても現実の戦闘を適切に模すことは不可能だ。軍隊は実戦に近似した状況に放り込まれてはじめて鍛えられ、試される。指揮官のリーダーシップや状況判断といった性質、地形の観察、兵員と武器を同調させる（戦闘力として一体化させる）直観力はより重要な指標だが、客観的に計測できない。

●総合戦力構想（トータル・アーミー）の策定

エイブラムス参謀長（1972年～74年）は「戦争は国民全体で行なうもの」との確固たる信念を抱き、総合戦力構想（トータル・アーミー）の策定を推進した。部隊展開計画の中に予備部隊を密接不可分に織りこむこと（ラウンド・アウト）を計画し、次の戦争が起きた場合、米国は予備隊なくしては本格的な戦争を戦えないということだ。

その背景には、徴兵だけに頼ったベトナム戦争の痛烈な反省がある。国民の支持があり、国民が参加してはじめて戦争を遂行できる。予備部隊に多くの一般市民を参加させることは、国民の国防意識や軍に対する認識を向上させるという意図が込められている。

総合戦力構想は、1970年代中期の間に、ヨーロッパでの大規模なソ連軍との戦いを想定して、常備師団の支援に必要な戦闘支援部隊と戦闘サービス支援部隊を、州兵と陸軍予備に振り替えて徐々に実現し始めた。

計画は、兵員数の制限以内で、特定の師団を2個常備旅団と1個予備旅団で構成するラウンド・アウトにより、常備師団の数を16個に増やすことだった。いくつかの予備大隊もまたラウンド・アウト計画に組みこまれた。

ラウンド・アウト旅団は、動員と動員後の訓練（元来30日が必要とされている）を終えた後、それぞれの親師団への参加（組み込み）が予定された。このようにして1980年代末までには総合戦力構想が陸軍内に定着した。

戦闘部隊の52パーセント、その他の部隊の67パーセントが州兵または陸軍予備となった。7個予備旅団（6個は州兵、1個は陸軍予備）が常備師団にラウンド・アウトされ、さらに10個独立大隊（すべてが州兵）がラウンド・アウト構想により常備部隊に組みこまれた。

●ドクトリンの再構築――1976年版『オペレーションズ』

デュプイは真に意味のあるドクトリンの構築を目指した。彼は「ドクトリンすなわち部隊を使用する戦い方（方式）は、部隊の運用に責任がある軍人の少なくとも51パーセントの共感がなければ、機能しない」と断言している。

デュプイの意図を具体化した野外教令が、陸軍ドクトリンの要石である1976年版『オペレーションズ』だった。本書は米陸軍の歴史の中で最も論争を呼んだ教義文献となり、陸軍に対する起床ラッパすなわち覚醒の役割を果たした。

デュプイは76年版『オペレーションズ』の多くを自ら執筆して、地上戦の基本原則を定義しようと試みた。このマニュアルは彼の経験と思い込み、とりわけ彼の実務的な軍人観への強いこだわりを反映していた。彼は「次の戦争の初戦にいかにして勝利するか」の実務的な手引書を現場（第一線部隊）に与えたいと願っていた。

新『オペレーションズ』は、西ドイツに配置されている米軍の現状から、専守防御の場合を除いて、旧習にとらわれない防御のあり方を許容した。新ドクトリン「アクティブ・ディフェンス」は、兵力を節用して、緊要な場所と時期において、敵侵攻部隊に対して準備を完了した戦闘力を奇襲的に発揮する打撃に重点をおいた。

新ドクトリンは、ソ連軍の前進を（旧）西ドイツ国境の近くで停止させることを目標とした。ソ連軍の作戦コンセプトは機甲部隊の波状攻撃または梯隊による攻撃だ。これに対する米軍の戦い方は、敵梯隊の攻撃時に後続梯隊が交戦距離に入る以前に、防御部隊に再編成の時間と準備を与えるために、必要十分な数量のソ連軍戦車を撃破することだ。

西ドイツ国内のフルダ峡谷（フルダ・ギャップ）は文字通りの予想戦場だった。西ドイツの国境で第7軍団長が直面するのは、戦車、歩兵、砲兵から成る圧倒的な3個梯隊で構成された、最小限でもソ連・東欧軍の4個戦車軍である。

アクティブ・ディフェンスは、敵の第1梯隊を撃破する大隊や旅団を配置するには有用だが、敵の第2梯隊と第3梯隊の攻撃以前に、防御を再編成するための部隊と時間が必要だ。敵の第2梯隊と第3梯隊に撃破されるのを避けるためには、敵の第1梯隊が主抵抗線の直射火力の射程に入る以前に、第2梯隊と第3梯隊の前進を遅らせ、弱体化させなければならない。

デュブイ将軍の理念を具体化した76年版『オペレーションズ』は、厳しい批判にさらされたが、陸軍内に知的会話を拡大する架け橋となった。ある意味では、陸軍が自らを見つめる抜本的な変化を醸成し、教義文献の下部野外マニュアル「ハウ・ツウ・ファイト・シリーズ」の呼び水となり、訓練・教育システム全体を動かす知的原動力となった。

76年版『オペレーションズ』は、砂漠の嵐作戦の準拠となる「エアランド・バトル構想」の導入／再定義へとつながり、82年版／86年改訂版の下敷きとなった。

とはいえ、どのように規律、訓練、ドクトリンを改善しても、質の高い部隊を具体的に作り、維持しなければ、陸軍改革の部分的な問題解決にすぎない。

1977年、スターリー将軍がデュプイ将軍の後任者としてトラドック司令官へ補職されたことは、陸軍の「作戦術の再発見」と「エアランド・バトル・ドクトリンの創造」へとつながるルネッサンスの始まりだった。

●「Be All You Can Be」キャンペーン

ベトナム戦争後の米国内はぬるま湯状態だったが、1979年末、国際情勢が大きく動いた。イスラム原理主義者によるイラン国王の追放とソ連軍のアフガニスタンへの侵攻は、アメリカ社会の昏睡（停滞）状態をゆり動かし始めた。

1980年4月、イランで人質として拘束されたアメリカ人を救出する試みの失敗は、ベトナムからの撤退以降、米軍の行動能力が最低レベルにあることをあからさまに示した。破壊された海兵隊のヘリコプターや墜落した空軍のC－130輸送機の残骸、「デザート・ワン作戦」の混乱、過度の集中、拙劣な通信、ズサンな計画などから明らかになった事実は、いつかこのようなことが起きるであろうと専門家が予言していた通りだった。

デザート・ワン作戦失敗が喚起した痛烈なショックは、ベトナム戦争以来隠されていた制度的な問題をアメリカ社会に警告した。陸軍当局は、予算の削減が装備品を不稼働にし、訓練を短縮し、そして新兵器の配備を遅延させていることを真に理解し、最優先課題である良質な兵士が定着しないかぎり真の戦闘即応態勢は達成できないことを認めた。

徴兵制度は終わったのだ。問題は、単に、良質な男女を入隊させるためのドアが十分に開いていないことだ。陸軍に入隊することはアメリカの青年にとって真っ当なことで、これを彼らに納得させなければならない。陸軍当局は、マクスウェル・サーマン陸軍少将を、マーケティア（マーケティング担当者）の適任者と見なし、彼に良質男女入隊促進の使命を託した。

サーマンは、「陸軍に入隊させるのはベストの兵士だけ」という唯一の選択肢をひっさげて、陸軍募集コマンド司令官としての職務をスタートした。彼は長期勤務の募集専門官に替えて、第一線の将校と下士官に短期間の特別任務を与えた。

彼らの仕事は、将来自分たちが訓練する同一兵士を募集することだ。募集の市場はストリートから高校のキャンパスへと移った。高校生の募集はより困難だが、高校卒業証書は兵士としての将来の成功を約束する最も信頼できる証明書だった。

サーマンのアイディア「Be All You Can Be――君のすべてを出しきるために」キャンペーンは、アメリカの若者たちに浸透して彼らの共感を得た。積極的なイメージ戦略と陸軍内の生活の質の改善のおかげで「ウィリー・アンド・ジョー」（第2次大戦の歩兵、漫画の主人公）のイメージは、徴兵制陸軍から、面倒見の良い、挑戦的で、ハイテク装備の志願兵制陸軍という新しいイメージへと受け継がれた。

サーマンは新兵規則の類を全面的に書き改める大胆な施策を進め、優秀な兵士が続々と入隊するようになった。陸軍はサーマンを中将に昇進させ、全陸軍の人事を一手に掌握する人事責任者のポストに配置した。サーマンは、一兵卒から将官に至る150万人の軍人の入隊、再服務、俸給、試験、昇進、退役の全システムの抜本的改革に着手した。

サーマン人事部長が指導する新計画が軌道に乗り、新兵の85パーセントが高卒となり、現役延長の再服務志願者もベトナム戦争以降の最高となり、陸軍の予定者数を上回った。サーマンはこの機に乗じ、すかさず怠惰無能な下士官をしらみ潰しに除去する手を打ち、さらに飲酒と麻薬の取り締まりに乗り出した。※サーマンはその後米陸軍参謀次長、トラドック司令官、南方軍司令官などを歴任。

陸軍の研究によれば、最良の兵士を入隊させるために最も必要なことは、大学進学の資金であることがわかった。**議会が復員兵援護法（G・I・ビル）を再開し、大学奨学基金（アーミー・カレッジ・ファンド）を開始**すると、兵士の質のギャップが埋まり始めた。

陸軍の募集は必ずしも順風満帆ではなかったが、社会の陸軍に対する好意的イメージの向上と足並みをそろえて、若い男女の質も徐々に上向いた。1991年までに、応募者の98パーセント以上が高卒者となった。75パーセントが上位の精神カテゴリーとなり、最低レベルは1パーセント以下となった。

新兵の少なくとも41パーセントが大学奨学基金に登録した。兵士の質の向上につれて、恒常的に存在した規律違反者が名簿から消えた。脱走と無断欠勤は80パーセント、軍法会議は64パーセント低下した。麻薬中毒患者の数は1979年の25パーセントから、10年後には1パーセント以下に低下した。

●レーガン政権が軍の近代化を強力に推進

米国がベトナムから撤退して内向きになっている間、ソ連が地球規模で進出した。ベトナムは、米軍の完全撤退（1973年3月19日）後、ソ連（当時）の援助により南北統一と南の復興に着手し、1977年に国連に加盟した。1978年11月「ソ越友好協力条約」が締結され、経済援助の見返りとしてカムラン湾のダナン港にソ連海軍基地が建設された。

１９７９年12月27日、ソ連軍は2個師団をもって陸路アフガニスタンに武力侵攻し、以後逐次兵力を増強して１９８０年４月には６個師団に達した。米国は、ベトナム撤退以降ソ連とのデタント（緊張緩和）を外交の基調としたが、ソ連軍のアフガニスタン侵攻を契機に、実力行使を含む国益重視の姿勢に転換した。

１９８０年１月23日、カーター大統領は一般教書で「とくにペルシャ湾を支配しようとする外部勢力のいかなる試みも米国の死活的利益に対する攻撃とみなし、そうした試みには軍事力をふくむあらゆる手段を行使して撃退する」との国家意志（カーター・ドクトリン）を明らかにし、デタント外交と決別した。

１９８０年11月４日の米国大統領選挙において、「強いアメリカの再建及び経済の再生」を2大公約として掲げたレーガンが第40代大統領に選出された。背景には、ソ連軍のグローバルな進出と軍事力の増強があった。とくにソ連軍のアフガニスタン侵攻を抑止し得なかったことに対する米国民のいらだちが、レーガン政権の誕生を後押しした。

レーガン政権の国防政策は、ソ連と中国を対象とした１・５戦略から、ソ連とその代理国（キューバ、東ドイツ、ベトナム、北朝鮮、リビア、南イエメン）を対象とし、グローバルな戦争を想定した「多戦域総合戦略」へとシフトした。

新戦略は長期通常戦、攻勢的、同盟国との共同防衛が特色である。米軍主力を米本土に控置し、欧州はＮＡＴＯで、北東アジアは日米同盟で、南西アジアは米軍のプレゼンスで対応するという考え方である。

レーガン政権は、「ＦＹ（会計年度）８３国防報告」で5項目の重視事項を掲げ、国防費を大幅に増額、大統領の強烈なリーダーシップのもとにその実現に邁進した。**レーガン政権の国防政策は結果としてソ連に軍拡競争に走らせて経済を破綻させ、東西冷戦終結、ソ連解体という20世紀末の国際情勢の激変をもたらせた。**

レーガン政権は政権発足以降新国防政策の考え方を矢継ぎ早に打ち出した。これらの発言・発表の集大成として、１９８２年2月7日国防長官が『ＦＹ８３国防報告』を議会に報告した。この中で5項目の重視事項を掲げ、国防費を大幅に増額して、大統領の強烈なリーダーシップのもとこれらの実現に邁進した。

これらは①核戦力全般の近代化、②世界のいかなる地域危機に対しても軍事的に反応し得る国家の能力の改善、③海上優勢の維持、④同盟諸国との連携の再活性化、⑤通常戦力の即応態勢・継戦能力の改善及び新装備の導入による近代化だ。

●ワインバーガー・ドクトリン

米陸軍は、ベトナムからの完全撤退後、「ベトナム戦争になぜ負けたのか？」という研究を徹底して行なった。この一環として、米陸軍戦略大学で、古典の『孫子』と『戦争論』をとりあげ、その成果が『オペレーションズ』に反映された。

米陸軍の野外教令『オペレーションズ』はジョミニの『The Art of War（邦訳：戦争概論）』、を源流とするが、古典研究はジョミニの否定ではなく、ジョミニ一辺倒の戦略・戦術を反省し、孫子とクラウゼヴィッツを再評価し、米軍の戦略・戦術がより幅広くなった。

研究を主導したハンデル教授の研究成果は、ワインバーガー国防長官の演説「軍事力の使用」として結実し、演説には孫子やクラウゼヴィッツも引用されている。同演説は８６年度「国防報告書」に反映され、「**ワインバーガー・ドクトリン**」（**軍事力使用の条件**）として知られている。

①米国あるいは同盟国の死活的な国益がおびやかされていること
②勝利を確実にするために圧倒的な戦力をもちいること

③政治的および軍事的目的が明確に規定されていること
④状況に合わせて戦力構成や作戦計画が変更されること
⑤世論および議会の支持が保証されていること
⑥合衆国軍隊の派遣は最後の手段であること

1989年10月1日統合参謀本部議長に就任したコリン・パウエル大将は、同ドクトリンを継承してパナマ侵攻作戦（1989年10月）と湾岸戦争（1990年8月〜91年2月）を指導、その指導原理がパウエル・ドクトリン（①米国の国益を事前に明確にする、②軍事目的を限定する、③決定的な戦力を投入する、④攻勢終末点を事前に決めておく、という4項目）である。

パウエル・ドクトリンの基礎には「戦争は避けるべき」という前提があり、政治的手段、外交的手段、経済的手段、金融的手段などあらゆる手段を講じて問題解決をはかり、「軍事力以外に政治目的を達成する方法がないと大統領が判断した場合は、軍事力を決定的なやり方で投入しなければならない」という発想である。

「当初の軍事目的を達成したあとはどうなるのか。どうなったら終わりだと判断するのか。駐留や撤退はどう判断し、同実行するのか。さまざまなことを考えなければならない」と、当然ながら、パウエルは戦争の終わり方まで考えていた。

●ナショナル・トレーニング・センターの創設

米陸軍が第2次大戦、朝鮮戦争、ベトナム戦争における戦闘経験を研究した結果、初戦で非常に高い損耗をこうむる、という深刻な傾向が明らかになった。問題は、初戦の人的犠牲イコール血の犠牲は、作戦開始前の訓練に費やした時間が、それに見合っただけの損耗削減効果を挙げていない、という特異な傾向があることだ。

実戦での損耗を最小限に抑えるヒントが米海軍にあった。ベトナム戦争初期の空対空の戦闘で、米海軍パイロットは北ベトナム軍ミグ戦闘機に対して撃墜比が2対1だった。全パイロットの損耗の40パーセントは、最初の3回の交戦で起きている。最初の3回を生き延びたパイロットは生存曲線が高くなり、彼らの90パーセントはその後の戦闘を生き抜いている。

1969年、米海軍は、パイロットの当初の3回のミッションを、実戦への参加ではなく、リスク・フリーのプログラムとした。具体的には、北ベトナム軍の航空戦術に長けたトップ・ガンが、アグレッサーとして未熟なパイロットと闘うというプログラムだ。

模擬戦闘は血を流すこと以外に特別な制限はなかった。一切妥協しない教官は、トップ・ガンとのあらゆる機動と行動を記録してそれを繰り返し見せた。効果はてきめんで、1969年から航空戦終了までに、海軍の撃墜比は6倍に跳ね上がった。

トラドック司令官デュプイ将軍は、陸軍にも同様の訓練が必要なことを認め、訓練部長ゴーマン少将にその具体化を命じた。だが、地上戦闘に長けたトップ・ガンを創出するという技術的な問題の解決は、困難で気が遠くなるような仕事だった。

飛行機自体がレーダーとコンピューターを搭載しており、航跡と機動を追跡して記録する地上のセンサーと連結し、訓練後の振り返り（プレイバック）と批評に提供するのは容易だ。だが、一般的な地形の皺《しわ》や植生の中で相互に撃ち合う大勢の兵士をいかにして追跡するか、この点が地上戦闘のリアリズムを拒む最大の課題だ。

「敵は友軍、タマは空砲」とヤユされ、リアルな損耗（死傷者の発生状況）を付与できないことが、実戦的訓練実施の最大のボトルネックだ。1973年、ゴーマンは、海軍兵のための射撃訓練方法を研究している若手技術者を発見した。彼はピストルにレーザーを装着し、命中状況を記録できる感知標的と組み合わせていたのだ。

ゴーマンはこのアイディアを、小銃から戦車に至る全ての武器に装着し、最終的に**MILES（多目的統合レーザー光線システム、以下マイルズと略称）**へと拡張し、

1978年から部隊実験を開始した。マイルズはレーザー・ピストルの革新的バージョンだ。あらゆるタイプの武器の中で、たとえば小銃は敵歩兵だけを殺傷して戦車は撃破出来ないように記録し識別出来る。

地上戦闘プログラムの開発には、訓練に参加する部隊、車両、個々の兵士を追跡し、それらの全てをマスター・コンピューターに統合できる機器システムが必要だ。ゴーマンは、マイルズと機器システムを最大限活用して、トップ・ガンの陸軍バージョンを追求し続け、最終的にナショナル・トレーニング・センター（以下NTCと略称）として結実した。

1980年10月、米陸軍はカリフォルニア州フォート・アーウィンにNTCを開設した。センターは海抜750メートル、面積2600平方キロ（神奈川県と略同じ）、砂漠地帯にあり、広大な演習場の全域を使用して、戦車大隊や機械化歩兵大隊は対抗部隊（OPFOR、以下オプフォーと略称）の自動車化狙撃大隊や戦車大隊と対抗方式で実戦的な訓練を行なう。

マイルズにより、戦闘部隊は相互にフリー・プレイでの戦闘訓練が可能になった。フォート・アーウィン近傍の機器システムを装備した観測センターは、マイルズによる被評価部隊の死傷、各車両の移動、通信中継を電子的に追跡し続けた。

観測センターはモニターとテレビ・スクリーンを備えた薄暗いゲームセンターの雰囲気で、模擬戦闘を交戦中の車両を生き生きと映し出した。精密なデータ作成装置は、部隊の位置、部隊の集中、重火器の配置、大砲の発射弾数、命中・失敗のリアル・タイムの情報を提供した。

山頂に配置された遠隔操作のカメラは、戦闘地域全体をカバーしたビデオを提供した。演習参加の全部隊に審判官が終始同行し、細部を記録し、ふり返り（ＡＡＲ：アフターアクション・レビュー：反省会）のための電子データと一体化した。

ＮＴＣのめざましい成功は、テクノロジーの成果というよりはむしろ陸軍が将来の戦争にどう備えるかという理念、バーチャルではない現実の世界、リアル・タイム、実戦的戦闘シミュレーションがもたらしたのだ。

マイルズを使用した戦闘の4時間後に、評価される部隊の指揮官は、ＡＡＲのプレイバックで自分たちの行動を見るという過酷な現実に直面した。**レビューの実施は、おそらく他のどのような訓練よりも、陸軍の実戦的訓練を具現したものだ。**

各指揮官は次から次へと車両が撃破されるビデオを黙々と見つめ、審判官が、オプフォーがどのように自分たちの部隊を撃破したかを冷静に説明するのを聞いた。審判官にはＡＡＲを悲惨なものにしようという意図は皆無だった。うまくいかなかった部隊は、必ずしも練度が低い部隊ではなく、オプフォーが強過ぎたのだ。

実戦的訓練を象徴するもう1つの極め付きがオプフォーだ。NTCに編成されている「**オプフォーという名の仮設敵部隊**」の2個大隊は、**それぞれソ連地上軍の自動車化狙撃大隊／戦車大隊に酷似**しているのが特色だ。

オプフォーはソ連製の戦車、米軍の改造戦車（外見はソ連戦車に類似）などを装備し、現実のソ連軍のごとく行動する。米陸軍は、第4次中東戦争でイスラエル軍が鹵獲したT－62戦車、BMP歩兵戦闘車などの実車を大量に購入して、これら装備でオプフォーを編成した。

NTCでの継続的な訓練の反復またはローテーションの体験により、部隊は戦闘で生き残る能力を増した。この体験はしばしば過酷で、最初は、極めて悲惨だった。未熟な指揮官に連日鉄槌を下したオプフォーは、完璧にソ連軍戦術を駆使して冷血無比で情け容赦がなかった。

米本土に駐屯する戦車大隊と機械化歩兵大隊は、18カ月ごとNTCでオプフォーを相手に2週間の戦闘訓練が義務づけられた。訓練実施時にはコンピューターによる統合シミュレーション・システムで敵と味方の撃破状況（車両、個々の隊員の両方全て）を現示し、部隊の練度を数字で総合的に評価判定した。

１９８２年度に16個大隊、１９８３年度に20個大隊、１９８４年度に42個大隊の訓練参加が計画され、以降、陸軍州兵のラウンド・アウト旅団、陸軍予備の支援部隊の参加へと訓練対象部隊が拡大された。

１９８４年６月以降、Ｍ－１戦車、Ｍ－２歩兵戦闘車がＮＴＣの訓練に参加するようになった。ＮＴＣではエアランド・バトルの戦場を想定して核・生物・化学戦、電子戦の環境が作為され、部隊訓練のみならず実弾射撃訓練も重視された。

10年間に及ぶＮＴＣでの訓練、統合訓練センター（アーカンサス州フォート・チャフィー）、戦闘機動訓練センター（ドイツ・フォーフェンフェル）での訓練参加は、野戦指揮官たちに戦闘に備えた実戦的訓練への強固な執着心を植え付けた。米陸軍はローテーションを重ねて、血を流すことなくより高いレベルに到達した。

●下士官教育システムの抜本的改革

米陸軍の歴史は１７７５年６月14日の大陸軍（コンナネンタル・アーミー）創設を嚆矢とし、大陸軍発足と同時に陸軍下士官団が創設された。建軍当時の曹長（サージャント・メイジャー）は連隊長副官として、連隊名簿の管理、編成の細部実施、連隊内の統制と規律の維持などを所掌して連隊長を補佐し、軍旗の護持に任じた。

中隊先任下士官（ファースト・サージャント）は規律の維持、勤務割り当て——中隊名簿に基づいて勤務者を割り当て、日朝点呼を中隊長に報告——を行ない、下士官（軍曹、伍長）は新兵教育をふくめて日常万般に目を配り、戦場では第一線にあって兵士を督励して正確迅速な射撃を実施させた。このような下士官団がコンチネンタル・アーミーを維持し発展させてきた。

軍曹（サージャント）は陸軍の背骨だ。米陸軍は伝統的に下士官に多大の責任と権限を与えた。しかしながら、10年に及ぶベトナム戦争は、米陸軍下士官団に物理的、倫理的、心理的に深刻なダメージを与え、下士官団がほとんど崩壊した。

ベトナム戦争以前の米陸軍には、下士官育成の総合的な基本教育体系がなかった。下士官は仕事の大半を自ら学ぶことを期待されていた。１９６９年、ウエストモアランド参謀長（ベトナム派遣軍最高司令官から陸軍参謀長に転じた）は、参謀次長のハイネス将軍に、下士官の訓練と選抜システムの研究を開始させた。研究成果に基づく下士官育成は次のようになっている。

①基礎段階（戦士リーダーシップ課程）：１カ月間の下士官候補者コース、指揮さ

れる立場から指揮する立場への転換が目的。陸白の陸曹候補生課程に相当する。下士官学校（ノンコミッションド・オフィサーズ・アカデミー）がこの課程を担当する。

②**初級／上級段階（下士官初級課程／上級課程）**：昇任と連動した必修課程だ。選定委員会が選抜し、入校者は強力なリーダーシップと訓練評価のバランスがとれた高いスキル（特技）を習得していることが求められる。

③**最高の段階（上級曹長課程）**：フォート・ブリスの上級曹長学校で9ヶ月間学び、大隊以上の部隊に先任曹長（コマンド・サージャント・メイジャー）として配置される。上級曹長学校（サージャント・メイジャー・アカデミー）は陸軍戦略大学に相当し、伝統的に優秀な将校が戦略大学に選抜されるのと同様に、上級下士官の中から最優秀者が選抜される。

米陸軍は選抜した下士官の適任者を、16校の下士官学校、最高学府の上級曹長学校の学校長ならびにスタッフとして配置している。この人事施策は、下士官に対する信頼感の具体的な証であり、下士官の育成は下士官に任せるということだ。

米陸軍の下士官は、大統領の分身として指揮系統に従って命令・任務を遂行する将校を援助、助言、補佐する役割を担う。**将校は部隊を指揮**（方針を定め、諸資源を管理）し、**下士官は部隊の基盤を構成する下士官・兵を訓練し規律を維持**（日常業務万般を担当）**する。**下士官は将校の命令を単純に実行する手足ではなく、軍隊のエキスパートとしての明確な責任と権限が与えられている。

●エアランド・バトル・ドクトリンの採用

米陸軍は82年版『オペレーションズ』で「エアランド・バトル・ドクトリン」を正式に採用、戦場を支配する要因を有形的要素の偏重から無形的要素へと劇的に転換した。すなわち、無形的要素の「リーダーシップ」を有形的要素の火力／機動力と同列に位置づけた。

スターリーの後任としてトラドック司令官となったオーティスは、空中／地上戦場の規模と複雑さは、76年版の戦術的焦点（範囲、レベル）をはるかに超えると認識し、**戦争のレベルを、戦略／戦術レベルから、戦略／作戦／戦術レベルへ変更**した。86年改訂版が出るまでに、エアランド・バトルは既に「作戦レベル」と同義語になっていた。

エアランド・バトル・ドクトリンは、敵の第2梯隊および第3梯隊をいかにして撃破するかを追求。敵の出現を受動的に待ち受けるだけの防御部隊は、ソ連軍の重層的な梯隊によって一掃されるであろう。このような強敵に対して勝利するためには、防御側（防者）は、敵が出現する以前に敵の後続部隊を攻撃して主導権を獲得しなければならない。

82年版は2つの攻撃方式を要求。第1が、戦場に早期到着可能な部隊で、緻密に計画した方式による遠距離攻撃（遠戦火力と電子戦）により敵の前進を低下させ、混乱させ、そして損害を与える。第2が、敵の戦闘態勢に生じた間隙に乗じて、戦術航空機と攻撃ヘリコプターに支援された機械化部隊による迅速な攻撃機動だ。

したがって、火力は、単に敵を漸減する手段としてだけはなく、同時に戦闘の条件を設定するメカニズムでもある。火力は、敵を釘付けにし、茫然自失させ、わが機動部隊による敵の後続梯隊撃破の好機を作為する決定的な手段だ。

76年版の戦術的視野（師団長レベル）では、2つの敵対する部隊が衝突する地点での直接火力戦闘を見れば十分だった。しかしながら、未だ捕捉していない（遠方の）梯隊を見つけて打撃するためには、より高所からの視座が不可欠だ。

時間的／空間的には、縦隊で攻撃する3個梯隊は150キロメートルの縦深にわたって地上を占領し、接触点に近づくまでには3日間が必要だ。「ディープ・アタック」の絶対的な必要性に鑑み、マニュアル執筆者はより高い視座から戦場全体を俯瞰しなければならない。

1982年の時点では、機動部隊指揮官は遠方に到達できる火器と視察手段をほとんど持っていなかった。とはいえ、空軍には縦深能力があり、軍団長は戦場を延伸してディープ・アタックを行なう必要性から、空軍戦力をいかに展開するかに強い関心を抱いた。

第2次大戦以来、空軍は縦深打撃（ディープ・アタック）すなわち航空阻止（インターディクション）、を重要任務と見なしたが、陸軍（軍団）の機動部隊と緊密に連接した航空阻止努力をしてこなかった。空軍は、地上戦の成功は戦場全域におけるディープ・アタックにかかっているという陸軍の主張を認めた。

1979年初頭、戦術空軍司令部（バージニア州ラングレー空軍基地）とトラドック司令部――20分ほどの距離――は、陸軍が実施する敵防空態勢の制圧と敵第2梯隊攻撃のための航空阻止作戦を含む統合ドクトリンの開発を開始した。

1984年、ウィッカム陸軍参謀長とガブリエル空軍参謀長は、エアランド・バトル・ドクトリンの統合運用を促進するため31条の協定の締結を発表した。協定は、統合部隊開発グループの参加メンバーによる、1年間の討議、ウォーゲーム、自由討議の成果すなわち結論だった。
開発グループの焦点は、戦闘力の不可欠な部分である航空阻止の使用方法の合意に達することだった。結果として、グループは、航空阻止を軍団長の関心地域（Area o0f interest）以遠の目標を攻撃することと再定義し、戦場航空阻止（ＢＡＩ：Battlefield air interdiction）という新カテゴリーを確立した。協定の第21条はＢＡＩを次のように規定している。

ＢＡＩは、地上部隊指揮官が指定した敵の地上目標に対する航空行動、および地上作戦の直接支援における航空行動のことをいう。ＢＡＩは広範囲の縦深戦闘を戦う主要な手段である。ＢＡＩは、敵の増援および補給を妨害し、機動の自由を制限して、敵部隊を孤立させる。ＢＡＩはまた、彼らが近接戦闘に入る以前に、後続部隊を撃破し、遅滞し、あるいは分散させる。

新ドクトリンの遂行には新装備が必要だ。米陸軍は、エアランド・バトルの戦場に必要な新鋭装備として、Ｍ－１エイブラムス戦車／Ｍ－２／Ｍ－３ブラッドレー装甲戦闘車／攻撃ヘリコプターＡＨ－64（アパッチ）／多用途輸送ヘリコプターＵＨ－60

（ブラックホーク）／パトリオット防空ミサイル／多連装ロケット・システム（M L R S）などの取得を目指した。

ドクトリンが定まり、新装備が決まると、これにふさわしい組織が必要となる。米陸軍の師団改編は１９６０年代初期以来約20年振りだ。従来のロード師団は米ソ間の核戦争を想定した編成だったが、86師団はＮＢＣ／Ｅｗ（電子戦）環境において、ハイテクを利用した機動的で柔軟性に富んだ通常戦を重視した編成だ。

86師団は3個の旅団本部と、10個の大隊（5個戦車大隊、5個機械化歩兵大隊など）が独立して存在し、状況に応じて所要の大隊で戦闘旅団を編組するテーラー方式だ。この旅団を砲兵旅団、航空旅団、兵站旅団がそれぞれ支援。ロード師団と比較すると、師団の戦車、装甲戦闘車、野砲などの装備数は大幅に増強された。

●高等軍事研究院（ＳＡＭＳ）の新設

作戦術と統合作戦の重要性の増大は、新しいコンセプト（作戦術、エアランド・バトル）を理解し実戦に適用できる教育を受けた将校（指揮官と幕僚）の存在がますます重要となる。既述のように８２年版『オペレーションズ』で「作戦レベル」が導入された。教令改訂版を編纂している時期に指揮幕僚大学校長だったリチャードソン将軍は、陸軍の将校教育システムの現状は、作戦レベルの複雑性に見合った学問的な場を提供できていない、との忸怩《じくじ》たる思いを抱いていた。

リチャードソン校長は、作戦レベル教育の具体案として、1981年に大学院に相当する高等軍事研究院（SAMS）の新設を提案した。コンセプトは、指揮幕僚課程（CGSC）1年修了者から50人程度の学生を選抜して、「作戦術（オペレーショナル・アート）」のあらゆる分野の問題に対応できる教育を提供することだった。

選抜された約50人の学生は、戦史の読破、コンピューター・ウォー・ゲームの実施、広範囲の論文の作成の集中講座により作戦術を精力的に研究し、教場では同僚や教官を交えて徹底的な討議を行なった。

1983年6月に始まった1年間の高等軍事研究課程（AMSP）は、ドイツ軍参謀の合言葉「Be more than you appear to be」をモットーとして採用した。学生たちが自《みずか》ら「アカデミックなレンジャー課程」と自嘲したように、きわめて知的にハードなプログラムだった。

SAMS卒業生は司令部の作戦部（G－3）計画幕僚（プランズ・オフィサー）として配置され、湾岸戦争勃発頃には、米陸軍のベスト幕僚将校との評判を得ていた。湾岸戦争の「砂漠の嵐作戦」を策定したのは、〝ジェダイの騎士〟（第4章で後述）と称賛された4人の卒業生だった。

計画班（プランズ・セル）は幕僚部の中核となるセクションで、全セクション（セル）の活動を統合して状況判断プロセスを主導し、指揮官の決裁を得て、作戦の準拠となる長期計画（全般作戦計画）を策定する。米陸軍は、SAMS卒業生を計画班に配置し、彼らの活動を通じて、「作戦術」を全陸軍に普及浸透させた。

作戦術（オペレーショナル・アート）は戦術の相似形的拡大では対応できない。戦術の延長線上ではなく、一段と高い視座での発想と実行が求められる。新しいコンセプトに対応できる人材養成機関として、高等軍事研究院（SAMS）を即座に新設したことは、米国式マネジメントの精華と言える。

●軽部隊ルネッサンス

1970年代が進むにつれてテロリズムが増大し、レンジャー部隊や特殊作戦部隊が一層注目を浴びるようになった。

米陸軍は、1973年10月戦争（第4次中東戦争）を鏡として、中部欧州の平原におけるソ連軍との戦闘を想定、関心の焦点を機甲部隊と機械化部隊に当てた。とはいえ、軽部隊と特殊作戦部隊を決して無視したわけではない。

エイブラムス参謀長は、高度に訓練され規律厳正な軽歩兵部隊の有用性を認め、1974年に2個レンジャー大隊を創設した。エイブラムスの意図は、全陸軍の規範となる軽戦闘部隊の中核を創造することだった。

かくして第75－1大隊（レンジャー）をジョージア州フォート・スチュアートで、第75－2大隊（レンジャー）をワシントン州フォート・ルイスで編成した。レンジャーの特技を持つ多くの兵士は、彼らが規律と誇りの砦と理解している精強無比の部隊へ進んで志願した。

米陸軍は、戦闘で交戦の強弱が変化するように、リスクの大小も変化すると見なした。核戦争による大規模破壊まで含む全面戦争のリスクは、テロリズムよりはむしろ少ないように思われ、戦争を低リスクの末端で見直した。紛争のスペクトラム（連続体、分布範囲）における両端のバランスをとる必要性を強調したのだ。

レンジャー大隊は、現実に、全陸軍の訓練、体力、規律の標準となった。レンジャー部隊の復活と並行して、陸軍特殊部隊（スペシャル・フォース）もベトナム戦争の後遺症（エリートの根源となっていた専門特技を喪失していた）から脱却するルネッサンスが始まった。

1980年、メイヤー参謀長は、フォート・ルイスの第9歩兵師団をハイテクノロジー・テスト・ベッド部隊（先端技術実験部隊）に指定した。彼のアイディアは、師団をより小さくかつ軽量にしながら、同時に機動力と火力を増強することだった。サイズの縮小と展開能力の拡大によって生じる戦闘力のギャップを、テクノロジーで埋めようとした。

1983年に陸軍参謀長に就任したウィッカム将軍は、メイヤーの事業を一歩進めて、軽歩兵師団を創設した。空輸能力の不足、低リスク段階における紛争生起の高可能性、限定的末端対処能力に鑑み、軽師団の役割が増大すると見たのだ。

新設された軽歩兵師団は重戦力の代替にはならないが、重機甲部隊や機械化部隊が進出できない場所での対応力が増し、重戦力を補完する部隊となる。エアランド・バトル戦場の主役はあくまで重機甲部隊と機械化部隊だが、軽師団には軽師団ならでの役割がある。

●グレナダ侵攻作戦（アージェント・フューリー）

アメリカの裏庭といわれる中米およびカリブ海地域では、1979年7月にニカラグアでサンディニスタ革命が起き、翌年の1980年10月にはエルサルバドルで解放勢力の統一組織ができた。いずれも背後にキューバが存在し、実質的にはソ連によるキューバを通じての間接支援（革命の輸出）の結果だった。

グレナダは、カリブ海の小アンティル諸島南部に位置し、英連邦に加盟している。幅16キロメートル、長さ40キロメートルほどの小さな島で、海岸の一部に砂浜があるが、島の大部分はジャングルに覆われた山で海からそそり立っている。

１９７４年英連邦王国として英国から独立。１９７９年にニュージュエル運動（マルクス・レーニン主義の前衛党）の指導者モーリス・ビショップが無血クーデターで首相に就任して人民革命政府を樹立、レーガン大統領が「西半球のガン」と呼ぶキューバとの関係を強化した。１９８３年10月、政権内過激派がクーデターでビショップ首相らを処刑した。

レーガン大統領は、キューバのカストロ政権、ニカラグアの革命政権、グレナダのニュージュエル運動政権を敵視し、８３年10月、米国人の救出を名目として、ソ連／キューバと緊密な関係にあるグレナダへの軍事侵攻を命じた。侵攻作戦を指揮する米大西洋軍司令部は、すみやかに統合任務部隊を編成した。

統合任務部隊には共通の通信装備がなく、しかも陸軍／空軍との計画策定や作戦実施の経験がない海軍司令部の指揮下に戦闘要員（陸軍、空軍、海兵隊、海軍特殊部隊などの戦闘部隊）を配置した。さらに、グレナダの地上戦闘と艦船上の統合指揮所が物理的に分離しており、実際の作戦では無数の誤通信や通信遅延が必然的に発生した。

　グレナダ侵攻は、エイブラムス陸軍参謀長肝いりの第75－1大隊（レンジャー）／第75－2大隊（レンジャー）のデビュー戦だった。最終的には、何万人もの海軍、海兵隊、陸軍、空軍の兵士がグレナダ作戦に参加したが、戦争ではよくあることだが、勝利の請負はほとんど例外なく小さな部隊に依存している。これら小部隊とは5個陸軍レンジャー中隊（50～80人）、少人数の陸軍特殊部隊コマンド、少数の空軍AC－130スペクター対地攻撃機だった。

　1983年10月24日夕、大隊長テーラー中佐が指揮する第75－1レンジャー大隊は、ジョージア州フォート・スチュアートのハンター陸軍飛行場を離陸して、4機のMC－130と共にグレナダに向かった。

　侵攻作戦の目的は、数百人のアメリカ人医学生（セント・ジョージズ大学医学大学院）の救出だった。テーラー大隊は、26日朝、サリネス空港近傍のトゥルー・ブルー・キャンパスを占領して学生を救出した。救出はこれで終わりではなく、さらに224人の学生がグランド・アンセ・キャンパスの分校で敵兵に包囲されていることが判明した。

　グランド・アンセ・キャンパスでの救出任務は、第75－2レンジャー大隊長ハグラー中佐に委ねられた。ハグラー中佐は、強襲揚陸艦「グァム」積載の海兵隊のヘリコプター大隊との統合ヘリボーン作戦で、第2の救出任務を敢行した。

海軍A－7戦闘機／空軍C－130航空機の105ミリ砲で、学生たちが閉じこめられている校舎周囲のビルに対して攻撃準備射撃を調整、艦砲射撃も実行に加わり、作戦は計画通りに正確に実行され、いくつかのビルが瓦礫の山となった。

攻撃準備射撃終了20分後、海兵隊のヘリコプターがレンジャー部隊を降着させ、レンジャーが校舎に跳び込んで学生を集合させ、海岸で待機していたCH－53大型輸送ヘリコプター（シー・ナイト）の場所まで走らせ、233人の医学生と米国市民を救出した。

到着から出発までの作戦全体に要した時間はわずか26分だった。レンジャー隊員は、学生救出後、救命イカダで海に漕ぎ出して海軍の駆逐艦に救出された。翌日、ハグラー大隊のレンジャーは、2回目の空中機動攻撃をカリビニーのキューバ軍兵営に敢行して成功した。

レンジャー部隊は、戦死8人・戦傷69人という犠牲で、グレナダにおける戦闘任務の大半を達成した。グレナダ作戦は、問題山積の作戦計画と陸海空の不完全な統合にもかかわらず、地上部隊の兵士の勇敢さと資質のおかげで万事うまくいった。

グレナダ侵攻作戦（アージェント・フューリー）の成功は、デザート・ワン作戦（1980年4月、イランで人質として拘束されたアメリカ人を救出する試み）の失敗を補ってなお余り有った。地に落ちていた軍への信頼は回復し、兵士たちは、グレナダ作戦のあと胸を張って歩くようになった。

それは戦場での功績のいかんではなく、救出された学生たちの、そして祖国で感謝してくれた市民の歓呼の声のためだった。ベトナム戦争で自尊心を傷つけられていた合衆国陸軍は、それがたとえどんな戦争であっても、戦争に勝利する必要があったのである。

エイブラムスの「レンジャー大隊構想」は、陸軍に定着しただけではなく、戦闘で戦える部隊へ成長したことを証明した。米陸軍が営々として大地にまいた種がようやく熟してきた。

●パナマ侵攻作戦（ジャスト・コーズ）

グレナダ侵攻後の早い時期に、合衆国議会2人の議員のイニシアティブで「1986年ゴールドウォーター・ニコルズ国防省改編法」が成立、軍の統合が大きく前進した。新法のねらいは、統合参謀本部議長／統合軍司令官の権限の強化および統合作戦実施の実効性の改善向上だった。統合参謀本部議長は主たる軍事顧問として、国防長官と大統領に、直接、議長の一存で助言できるようになった。従来は各軍参謀長との合意が必要で、助言は妥協の産物だった。この新法は1989年12月21日のパナマ侵攻で初めて試された。

パナマ侵攻作戦（ジャスト・コーズ）の戦略は、独裁者ノリエガの排除にとどまらず、彼が掌握する政府と軍部全体を倒し、選挙で選出された野党党首エンダラ（ノリエガに退けられていた）を新大統領に据えることまでを含んでいた。

作戦の実施は、先ず、2万5000人超の兵士で奇襲し、脅威となるパナマ国防軍（PDF）を迅速に排除して現地を制圧する。その後、パナマ社会の保護と混乱の防止、新しい大統領とその政府の樹立、パナマ国防軍の再編へと移行する。

1989年が終わろうとする頃、米兵や米市民への襲撃、独裁者マヌエル・ノリエガの麻薬密輸への関与が明らかになり、地域の緊張が急速に高まった。この情勢に対応して、ジョージ・ブッシュ大統領は「ジャスト・コーズ作戦」、すなわち陸軍が向上した作戦能力を劇的に見せつけることになる作戦の実行を命じた。

短切なパナマ侵攻作戦はベトナム戦争後における陸軍再生過程の貴重な1ページだ。なぜならば、「ジャスト・コーズ作戦」の作戦方式と軍事原則が、より大規模な「砂漠の嵐作戦」の雛形となり、その有効性が論理的に証明されたからだ。

ブッシュ大統領は、退役直前の前募集コマンド司令官で後に参謀次長次いでトラドック司令官となるサーマン大将を、パナマ侵攻作戦の責任者である南方軍司令官に任命した。サーマンは戦役を戦うために着任し、パナマのクォーリー・ハイツの司令部に着任すると同時に、断固として任務を遂行する決意を明らかにした。（※南方軍司令部は1997年に米本土のマイアミに移転）

自身が降下兵（空挺）であるサーマン大将は、軍事作戦の実行を、戦友であるフォート・ブラッグの第18空挺軍団長スタイナー中将に全面的に委ねた。「ジャスト・コーズ作戦」が統合作戦になることは明らかで、サーマンは4軍の一般部隊と特殊作戦部隊を使用するつもりだった。統合作戦の幅広い経験を有し、陸軍のいかなる将軍よりも特殊作戦に関する実務的な知識と経験を積み上げてきたスタイナー中将は、南方統合任務部隊司令官に最適任の人材だった。

サーマンとスタイナーはとてつもなく込み入った奇襲攻撃を計画、それは第2次大戦以降で最も緻密で複雑なものだった。計画は複雑で入り組んだ複合体で、パナマ国防軍（1万6000人）を窒息させて即座に統制を失わせる「テイクダウン（分解）作戦」に凝縮されていた。

作戦計画にはパナマ国全体に分散した27目標に対する同時空挺作戦が含まれ、それらは全て夜間に実行し、攻撃部隊の大半は、米本土の駐屯地から1500マイル（約2400キロメートル）の遠隔地に向かって飛行し、現地到着と同時に戦闘加入するシナリオだった。

作戦に従事する部隊は、陸軍レンジャー部隊、スペシャル・フォース、3個師団（第82空挺師団、第7軽歩兵師団、第5機械化歩兵師団）から抽出した部隊の集成だった。パナマ駐留第193歩兵旅団が陸軍戦力の主体で、空軍はF－117ステルス戦闘機とAC－130スペクター・ガンシップの火力ならびに空輸を提供、海軍は特殊部隊シールズ・チームが参加、パナマ駐留の海兵隊は阻止部隊として行動。

作戦に参加する全部隊は、1つのコンパクトな通信周波数とコール・サインの使用により、一体化が図られた。在パナマ部隊は戦闘態勢が完了していることを見せつけ、〝オオカミの遠吠え〟を意図的に反復してパナマ側に聞かせ、リハーサル（戦闘予行）をこれ見よがしにくり返し、実際の作戦時にはパナマ国防軍は警戒態勢をとっていなかった。

1986年12月20日ブッシュ大統領が「ジャスト・コーズ」を認可した。この時点では、作戦に参加するすべての兵士は既に実地訓練やシミュレーションを何度も行なっていた。彼らは心手期せず行動でき、孤立した場合でも任務を遂行できるように訓練されていた。

「ジャスト・コーズ」はほとんど計画通りに正確に実行された。作戦実施の経過は省略するが、関心ある読者は、コリン・パウエル著、鈴木主税訳『マイ・アメリカン・ジャーニー【統合参謀本部議長篇】』（角川書店、1995年）を参照されたい。

パナマ侵攻2カ月前に統合参謀本部議長に就任したコリン・パウエル大将は、ゴールドウォーター・ニコルズ法成立後の最初の議長として、パナマ侵攻作戦と湾岸戦争を担当した。彼は退任後に出版した自伝で、国防長官および大統領の助言者／上級軍事顧問という統合参謀本部議長という立場から、政治と軍事の関係（政軍関係）を具体的に記述している。

パナマ侵攻作戦の3年後に湾岸戦争が勃発するが、「ジャスト・コーズ」はいくつかの重要な観点から「砂漠の嵐作戦」を予兆させた。言い換えると、ベトナム戦争の後遺症は完全に払拭され、次の戦争への備えが概成したということ。

①新世代の質の高い兵士は最も危険で困難な任務を託するに足る、というリーダー

シップへの自信が陸軍の中にみなぎってきた。

②「ジャスト・コーズ」は、大統領と国家安全保障担当補佐官は野戦指揮官たちに作戦実施の幅広い権限と自由を与えるべし、と暗に示した。

③パナマ侵攻作戦の成功は、犠牲を最小にするためには圧倒的な兵力ですばやく勝利すべし、という絶対的な原則を具体的に立証した。

④参加する全部隊が相互に話し合い、1本の指揮系統で作戦するという前提に立つと、「ジャスト・コーズ」は、将来戦は統合作戦が可能というよりはむしろ不可避ということを、実際に実行してみせた。

⑤パナマ侵攻作戦は精密兵器に追加費用を支出するに足る価値があることを立証した。理由は、攻撃目標周辺の民間施設へ与える2次的破壊を軽減しながら、軍事目標を直接に打撃できるという効果があるからだ。

⑥夜間行動は実行が最も困難だが、実行能力がある部隊は、最小限の犠牲で決定的な成果を得ることが出来る。兵士の夜間戦闘行動は、陸軍が高度の地上兵／航空兵用夜間視察テクノロジーに関心をもち、実質的な研究へ関与したことの結果だ。

⑦「ジャスト・コーズ」は、心理戦を戦術計画に全面的に組み込むと効果絶大ということを示した。心理戦は降伏者の流血を減じ、彼我双方の不必要な損害を防止

できる。

⑧「ジャスト・コーズ」は、砂漠の嵐作戦後に陸軍が直面した諸問題、すなわち人道支援の管理、秩序の回復、破壊されたインフラストラクチャーの再建を予見していた。事実、パナマ侵攻作戦と湾岸戦争後の現地作戦司令部は、はるかに長期間存続し、将軍たちが考えていた以上に多大の努力を必要とした。

パナマ侵攻作戦に参加した兵士たちは、戦火が止む以前から、捕虜の防護、食糧の配布、パナマシティでの代理警察官としての巡察などに従事した。兵士たちは難民収容所と20箇所の食糧交付所を管理・運営し、1万5000人以上のパナマ市民に衛生支援を行なった。

当初、パナマ侵攻作戦は、アメリカが挑発されたわけではないのに小国を一方的に攻撃した、と各方面（国連や米州機構など）から痛烈に非難された。にもかかわらず、軍事行動が短時間で成功裏に収束したおかげで、アメリカに対する批判の声はすぐに収まった。

第4章　政軍関係の精華——湾岸戦争

●イラク軍クウェート侵攻

１９９０年7月中旬、イラク大統領サダム・フセインは共和国親衛隊司令官アッ＝ラーウィ中将を宮殿に召喚して、クウェート侵攻の準備を命じた。

7月16日から19日かけて、イラク軍最精鋭部隊の3個師団（ハンムラビ機甲師団、タワカルナ機械化師団、メディナ機甲師団）がイラク南部とクウェート北部の国境地帯の砂漠に展開した。その後も毎日1個師団が国境付近に移動し、26日ごろには合計8個師団、10万の兵力に達していた。

米国統合参謀本部議長パウエル大将も、南西アジアを担当とする中央軍司令官シュワルツコフ大将も、国防情報局（ＤＩＡ）の衛星写真によりイラク軍の動向を承知していたが、この時点では、イラク軍のクウェート侵攻はないと見積もっていた。

1990年8月2日午前2時、アッ＝ラーウィ軍団の2個エリート重部隊（ハンムラビ機甲師団、タワカルナ機械化師団）が教典通りの戦闘隊形でクウェート国境に殺到、国境沿いに展開していたクウェート軍1個旅団を瞬時に蹂躙《じゅうりん》した。

クウェート軍はサラディン装輪装甲車とフェレット装輪戦闘車を装備していたが、イラク軍の主戦力約1000両のT－72戦車の猛攻に鎧袖一触だった。アッ＝ラーウィ軍団は強襲に次ぐ強襲の連続で地上部隊をすばやく前進させて国境南部の敵を一掃、クウェート軍の大半を各駐屯地で捕虜にして、同日午前5時までにクウェート・シティーに達した。

主力軍団の動きに呼応して、3個共和国親衛隊特殊部隊がヘリボーン攻撃で市内に突入してクウェート軍の撤退口を閉塞し、海上潜入コマンドがクウェート南部に展開して海岸道を遮断した。クウェート軍の一部が決死的な抵抗を試みたが、侵攻したイラク軍は夕方頃までにはクウェート・シティーのほとんど全域を占領した。

クウェート西部地区では、アッ＝ラーウィ軍団の3番目のエリート重部隊メディナ機甲師団が、サウジアラビア北部地区に展開する湾岸協力会議の「半島楯旅団」の介入に備えて、主力部隊による警戒幕を構成した。アッ＝ラーウィ軍団は、先導する機甲師団の後方に、残敵を掃討するために4個親衛隊歩兵師団を配置した。

その後、イラク軍は、最精鋭部隊である3個重師団の全力をクウェート南方地区へ移動させ、サウジアラビアの国境沿いに防御線を構成した。このようにして、**イラク軍は侵攻から48時間以内でクウェート全土を征服した。**

●アメリカ合衆国政府のすばやい対応

米国政府は、イラク軍のクウェート侵攻から米軍部隊のサウジアラビアへの派遣に至るわずか1週間でのすばやい対応で、アメリカ合衆国という国家の底力を見せつけた。その立役者は国家安全保障会議だ。メインテーマは「米国の国益は?」／「軍隊を派遣する目的は?」／「軍事行動の目標は?」で、メンバーはそれぞれの立場から意見を述べ、最終的に大統領が決断する。

作戦の指揮・命令系統は、大統領(最高司令官)から統合参謀本部議長を経て国防長官に、長官から統合参謀本部議長を経て部隊(統合軍など)に伝わる。この種経験が皆無のわが国の戦争指導／意思決定の参考にしたいものだ。※この間における米国政府の意志決定プロセスは、ボブ・ウッドワード著『司令官たち』に詳しい。

8月2日午前2時30分(**ワシントン時間**)、コリン・パウエル大将(統合参謀本部議長）は作戦部長トーマス・ケリー中将に電話して、シュワルツコフ大将（中央軍司令官）を見つけてワシントンへ出頭させるよう指示した。

午前8時、シュワルツコフ司令官とパウエル議長は、ホワイトハウスで、大統領と国家安全保障会議（NSC）のメンバーに会った。ミーティングで、シュワルツコフは侵攻に対応するための暫定的な軍事オプションとイラク軍の軍事能力の概要を説明した。NSCは大統領（議長）、副大統領、国務長官、国防長官、国家安全保障担当大統領補佐官、中央情報局長官（顧問）、統合参謀本部議長（顧問）のメンバーで構成されている。

8月3日、国家安全保障会議定例モーニング・ミーティングで、大統領とその他のメンバーはサウジアラビアへ何らかの部隊を派遣する必要があることに同意した。パウエル議長は、中央軍司令官シュワルツコフ大将と統合参謀本部作戦部長ケリー中将は複数のオプションを既に検討しており、ブリーフィングできる、とブッシュ大統領に報告した。その後、キャンプ・デービットで、サウジアラビアへの部隊展開の細部に関するブリーフィングを行なった。

大統領へのブリーフィングの直後、ファハド国王から大統領に、アメリカの公的関与に関する状況を説明してほしいとの要請があった。国家安全保障担当大統領補佐官スコウクロフトは、サウジアラビア国王の要請に応えるために、大急ぎでサウジアラビアに派遣するブリーフィング・チームの編成を開始した。

8月4日夕、電話のベルが鳴ったとき、中央軍の指揮下にある第3軍司令官ヨソック中将は、ジョージア州フォート・マクファーソンの隣人の家で夕食中だった。電話はシュワルツコフ中央軍司令官からで、彼は単刀直入に、サウジアラビアのファハド国王に説明する必要があることをヨソックに告げた。

シュワルツコフはサウジアラビアへの重要な出張にヨソックの同行を求め、マックディル空軍基地の中央軍司令部にただちに出頭するよう指示した。彼らには浪費すべき時間はなく、ヨソックがすぐに飛行できないのであれば、ピックアップするために自分の専用機をマックディルから派遣する、とシュワルツコフは言った。

●「砂漠の楯作戦」の基盤を形成

ヨソック中将は、およそ7年前、サウジアラビア国家警備隊近代化プロジェクト・マネージャーとして、サウジアラビア地上軍を訓練し、資材を装備する責任者だった。ヨソックは、人間性と人間関係をとくに重視するアラブ人と最初に接触する米軍のポスト（サウジアラビアに留まって到着部隊を指揮）に相応しい人材だった。

第3軍はフォースコム（米本土駐屯の常備軍25万、州兵50万、陸軍予備25万を統括する戦略予備部隊）の主要な部隊だ。現実に、フォースコムに配置されている兵員の多くは第3軍のメンバーを兼ねて2つの帽子を被っている。ヨソック中将がサウジアラビアに派遣されると「3つの帽子」――米第3軍司令官、陸軍以外の軍種／多国籍軍との調整者、中央軍最高司令官とその他各種の4つ星司令官（兵員、資材、訓練・教義指針を提供するコマンド）との仲介／調停者――を被る。

8月4日、第3軍司令官ヨソック中将は、シュワルツコフ大将との会談を終えた後、ただちに、フォースコム兵站部長（J4）のパゴニス少将に電話した。2人はドイツ国内で実施された数多くのリフォージャー演習（大規模部隊と装備を合衆国からヨーロッパへ集中・輸送する訓練）を通じて相互によく理解し合っていた。

ヨソック中将はパゴニス少将に「サウジアラビア到着後ただちにファハド国王に兵站計画をブリーフィングできるように準備してくれ」と告げた。ヨソックが必要としたのは、サウジアラビアの港湾と道路の使用、ならびに補給品の輸送と労働力が現地でどの程度可能かをふくむ全兵站所要のアウトラインだった。

パゴニスは、8月5日、ヨソックに兵站計画の要旨――戦域（サウジアラビア）への部隊の受け入れ、これら部隊を戦域内で前方地域へ移動させること、部隊が戦闘準備に専念できるよう戦闘力を維持すること――を説明した。ヨソック中将がシュワルツコフ大将やチェイニー国防長官とともにサウジアラビア行の飛行機（午後2時30分出発予定）に搭乗する直前だった。

8月6日、ファハド国王は、サウジアラビア防衛のために米軍部隊の派遣を正式に招請した。

8月8日、ブッシュ米国大統領は、「サウジアラビアの招請により、サウジアラビアの防衛およびイラク軍侵攻抑止のために米軍部隊を派遣する」と声明した。

ここまでの政府中枢の動きが、戦争のレベル（第1章21ページを参照）における「**戦略レベル**」の段階だ。すなわち国家**指導者**（**ブッシュ大統領**）が、国家諸資源（外交力、情報力、軍事力、経済力）を同時総合的に使用して、地域／国家／多国間の目標を明確にする段階。

これ以降が「**作戦レベル**」の段階になる。すなわち戦術部隊の運用と国家／軍事戦略目標をリンクする段階、つまり戦略／戦役／作戦（**砂漠の盾作戦**）を構想し、計画し、実行する段階。このレベルでは、統合部隊司令官（**シュワルツコフ中央軍司令官**）が作戦術を駆使して、軍隊（部隊）をどのようにして、いつ、どこで、どのような目的で使用するかを決定する。

8月9日午前、うだるような暑熱と湿気のダフナー空港に最初のC－141輸送機が到着した。サウジアラビアの地上に降り立った降下兵は戦闘要員の歩兵大隊ではなく、参謀長スコールス准将に同行する、第18空挺軍団戦闘指揮所の兵士と幕僚将校の76人だった。

サウジアラビアに到着したスコールス参謀長の一行を出迎えたのは、汗まみれだが笑顔を見せている、湾岸戦争に参加することになる全ての米陸軍部隊を指揮するヨソック第3軍司令官と彼の幕僚たちだった。

●第82空挺師団の緊急展開

8月6日夕、ノースカロライナの典型的な雷雨がフォート・ブラッグを襲うなかで、ジョンソン少将が指揮する第82空挺師団のサウジアラビアへの展開が始まった。

午後9時、第18空挺軍団当直下士官ペイン曹長から第82空挺師団当直下士官ファーガソン2等軍曹に手短な「非常呼集」の電話が入った。即座にファミリー・アラート（各家庭への緊急連絡）の奔流がアルデンヌ・ストリートへ流れた。

2時間もたたないうちに、アルデンヌ周辺の路地や駐車場は、背嚢や衣嚢を運ぶ兵士たちで混雑し始めた。いたるところに車が停止し、エンジンをストップした車もあれば、エンジンをかけたままの車もあり、いずれも涙ぐむ妻たちや別れを告げる恋人たちが乗っていた。

滝のような豪雨のなかで、終夜、部隊の集結と出発準備が進められた。ファーガソン2等軍曹が電話を受けたとき、第82空挺師団隷下の3個旅団はそれぞれ規定の即応態勢レベルだった。第2旅団は、「DRB1」(第一優先即応旅団)に指定されており、完全編成の1個大隊を18時間以内に輸送機に搭乗できるように、事前予告なしに全力展開できる態勢で待機していた。

第1旅団と第3旅団はノースカロライナ州フォート・ブラッグからアーカンサス州フォート・チャフィーにかけて分散した場所で訓練を行なっていた。訓練に参加していない兵士は休暇中かまたは学校などに入校中だった。師団は指揮系統を通じて全ての兵士にただちにフォート・ブラッグに帰隊するよう指示した。

軍事常識では、イラク軍が採用するベストの選択肢は、サウジアラビアへ侵攻して空港、港、油田を占領することだ。第18空挺軍団長ラック中将は、情勢次第では、師団は港湾を確保するための戦闘を準備する必要があると述べ、イラク軍が無防備の港湾に到着する場合を想定して、重要施設の防衛と攻撃ヘリコプターによる長距離の先制的な反撃の企図を明示した。

このためには、標準的な手順からは逸脱するが、師団直轄の航空旅団を初期に派遣する必要がある。ラック軍団長は、師団の火力を強化するために、軍団直轄の第27野砲連隊第3大隊の多連装ロケット砲システム中隊を第82空挺師団に配属した。

航空機の配当計画は当初から問題だらけだった。軍団や師団から派遣される通常の支援部隊を含めて、1個空挺旅団の輸送には少なくとも250機のC－141輸送機が必要だ。国防総省の軍事輸送を担当する合衆国輸送空軍は、当初、90機だけを確約した。シュワルツコフ中央軍司令官の強い主張により、最終的には機数は増加したが、それでも決定的に不足した。

イラク軍共和国親衛隊は既にサウジアラビアの国境沿いに展開しており、米軍は根拠地から8000マイル（1万2900キロメートル）もの遠隔地に、戦場で生き残ることができるだけの部隊を早期に配置しなければならない。

機数が期待値をはるかに下回り、師団は泥縄式の妥協を強いられた。すなわち、より多くのタンク・キラー（アパッチ攻撃ヘリコプター）を優先したため、師団支援部隊、工兵、防空大隊から派遣される何千人もの兵士と何百トンもの装備は、後刻航空機と船舶で輸送せざるを得なかったのだ。

ブッシュ大統領は初めて**民間予備航空隊を動員**した。UPS（合衆国貨物輸送会社）のクルー――昼間だけ貨物を輸送――は、１晩で、搭載重量、バランス、立法フート（容積）などボーイング７４７機に近似している空軍機に慣れた。

師団直轄即応旅団の全力（４５７６人の兵士と装備）は、７日間で、戦闘態勢でサウジアラビアの地上に到着した。この時点では、15機のアパッチ攻撃ヘリコプターと23機のその他のヘリコプターがサウジアラビアに到着しており、師団は強力な掩護幕を構成することができた。

この他、Ｍ－５５１空挺戦車シェリダン×19、ＴＯＷシステム×56、スティンガー・チーム×20、バルカン砲（20ミリ多銃身対空機関砲）×３、１０５ミリ榴弾砲×20、多連装ロケット弾発射機（ＭＬＲＳ）×３（各発射機は10発のミサイル・ポッドを搭載）など戦闘装備が既に到着していた。

８月13日から残り２個旅団の兵員と装備が逐次に到着し、**８月24日までに、全３個旅団の９個歩兵大隊を含む１万２０００人以上の兵士がサウジアラビアの地上に降り立った。**

●第24歩兵師団（機械化）の緊急展開

イラク軍南進の脅威は急迫しており、第18空挺軍団の緊急展開が急がれた。フォースコムは、第82空挺師団の輸送機への搭載命令と同時に、第24歩兵師団（機械化）に1個機甲旅団を18時間以内にサバンナ港に移動させるよう指示した。

第24歩兵師団（機械化）は、過去10年間の大半を、南西アジアを戦闘地域と想定する訓練を積み重ねていた。戦車、トラック、装甲兵員輸送車、ジープなど全ての車両は、中東での戦闘に備えて砂漠用の迷彩色に塗られていた。

第24歩兵師団は、空挺部隊が事前に確立した空挺堡で提携（リンク・アップ）する古典的な任務を遂行する部隊だ。第82空挺師団の降下部隊が先制攻撃により拠点を占領、同部隊は第24師団の重機甲戦力が到着するまで優勢な敵に対して拠点を確保する。

ラック軍団長は、戦役の最大の危機は第24師団がダーハンへ移動完了した時点で終わる、と確信していた。このために、イラク軍が脆弱な空挺堡に到着する以前に、第24歩兵師団を乗船させそして渡航させなければならない。

師団の切迫感は誰の目にも明らかだった。第82空挺師団の先遣部隊がサウジアラビアに向かって離陸するのと同時期に、第24師団の第2旅団が、燃料と弾薬を満載して海軍高速輸送船に搭乗すべくサバンナ港に到着した。第24師団の海上輸送の準備はすみやかに進捗して、8月13日、最初の10隻の船舶が出港した。

海軍は弾薬と燃料を搭載した車両を戦闘態勢のまま搭載するとの陸軍の主張に悩ま

され。第2次大戦以降、海軍は重装備の陸軍部隊を即時戦闘可能な状態で搭載したことがなかった。海軍の反対にもかかわらず、国防総省は戦闘搭載に関する平時の制限を撤廃した。

師団は各船舶に追加の100人の化学、衛生、火力支援、通信などの特技者を乗船させた。防空部隊は、ダンマーム港で車両などを卸下する間、イラク軍の先制航空攻撃から船舶を防護するために、各船舶の甲板にバルカン対空機関砲やスティンガー・ミサイルを配置した。

8月27日、第24歩兵師団の装甲車両（戦車、歩兵戦闘車、自走砲など）を積載した最初の高速輸送船がダンマーム港の岸壁に到着した。行動開始31日で、2個重装備旅団が師団防御区域への中間にあ

第18空挺軍団の戦闘力（1990年11月5日）

出典：米陸軍公刊戦史『Certain Victory』

戦車		763
砲兵	榴弾砲	444
	MLRS（多連装ロケット砲システム）	63
	ATACMS（陸軍戦術ミサイルシステム）	18
装甲戦闘車両		1494
防空	パトリオット発射機	24
	ホーク発射機	24
	バルカン対空機関砲	117
	スティンガー・チーム	320
攻撃ヘリコプター		227
支援ヘリコプター		741
TOW搭載車両		368
歩兵大隊		18

る前進拠点＝野戦集結地に進出した。師団の3番目の旅団、ジョージア州フォート・ベニングの第197歩兵旅団（機械化）もまた師団に追及して9月14日に到着した。8月末頃になると、イラク軍のサウジアラビア侵攻の選択肢が狭まり、**9月中旬～下旬に、第24師団は第82師団が設定した空挺堡でリンク・アップし、サウジアラビアの防衛とイラク軍の侵攻抑止の「砂漠の楯」が概成した。**緊急展開した第18空挺軍団のサウジアラビアでの戦力は、その後も第101空中機動師団などが到着して一層強化された。図表に示すように11月5日の時点では強力な戦闘力に達していた。

●「砂漠の楯作戦」から「砂漠の嵐作戦」へ――防勢作戦から攻勢作戦へ

アメリカ合衆国と同盟国のパートナーは、1990年8月から9月にかけて、サウジアラビア防衛の「楯」となる部隊の配備を急いだ。同時に、イラク軍の非妥協性やサダム・フセイン大統領の傍若無人な言動への対処戦略を模索した。

9月末頃、同盟国最高首脳部は、経済制裁と米軍団の単独展開だけではイラク軍をクウェートから追い出すには十分ではないことを確認し、攻勢的な選択肢すなわちイラク軍への攻撃に真正面から取り組むことを決定した。

この時点で中央軍の指揮下にあった部隊は、陸軍4個師団、海兵隊1個師団、騎兵連隊、英軍1個旅団、仏軍1個軽旅団、エジプト・シリア混合軍、その他各国合同軍の合計20万だった。この戦力ではサウジアラビア防衛に十分だが、陣地を構築してクウェートに居座るイラク軍50万を追い出すには兵力不足だった。

1990年11月29日、国連安保理事会は、「イラク軍をクウェートから追い出すことを目的」とした武力行使容認を決議（国連第678号決議）した。国連が容認した武力行使の範囲は、占領されているクウェートの解放で、イラクへの侵攻は想定されていない。

米国がサウジアラビアに軍隊を派遣した目的は「サウジアラビアの防衛およびイラク軍の侵攻の抑止」だったが、国連決議で目的を「イラク軍をクウェートから追い出すこと」に変更した。これに伴って、作戦レベルでは「砂漠の盾作戦」（防勢作戦）から「砂漠の嵐作戦」（攻勢作戦）の段階へ移行することになった。

8月から9月の時点では、本格的な攻撃を構想するだけの余裕はなく、攻撃は地上戦における漠然とした概念にすぎなかった。とはいえ、シュワルツコフ最高司令官の仕事は、「砂漠の盾作戦」一本槍ではなく、後に「砂漠の嵐作戦計画」へと発展する攻勢計画の策定に資する鋳型すなわちたたき台を作ることだった。

防勢作戦から攻勢作戦への転移は作戦段階を画することで、事前の周到な計画と準備が不可欠だ。シュワルツコフ最高司令官は、9月初旬、「新作戦計画班」の設置を参謀本部に要請した。ヴオーノ陸軍参謀長は、サウジアラビアには日々の業務から切り離してより概念的に思考できる幕僚グループが必要であることを認め、SAMS修了者の配置を提案し、シュワルツコフはこの提案に即座に同意した。

パービス中佐はハワイの太平洋軍の統合幕僚から、エッケルト少佐はコロラド州フォート・カーソンの第4歩兵師団の師団訓練将校から、ロー少佐は在独第8歩兵師団の第708支援大隊副大隊長から、ペニーパッカー少佐はカンサス州フォート・リリーの第1歩兵師団第1旅団の幕僚からそれぞれ抜擢された。

4人のSAMS修了者を中心に構成する「地上攻勢作戦策定グループ」は、映画『スペース・ウォー』に因んで〝ジェダイの騎士〟と呼ばれた。彼らは、1990年9月16日から18日の間に、リヤドの中央軍司令部（サウジアラビア国防省地下）に着任した。

パービスのグループ（作戦計画班）は、中央軍司令部（サウジアラビア国防相地下5階）のトップシークレット・コーナーを仕事場として、「砂漠の嵐作戦」全般計画の核心となる部分を形成した。現実には、それがあらゆるレベルの部隊を巻き込んでより広範囲な同時並行作業に向かわせる唯一の基礎・出発点となった。

ワシントンから発出された政策指針を準拠として、シュワルツコフ最高司令官が練り上げた「砂漠の嵐作戦計画」は4段階から成り、9月中に概成していた。最初の3段階は同盟国軍による「航空作戦」が主体だ。第1段階で戦略目標を攻撃、第2段階でイラク軍の防空組織を機能不全にして制空権を確保。そして第3段階で戦場地区に焦点を移して地上の戦術目標を攻撃。最終的な第4段階が決戦となる「地上作戦」による攻撃である。

最初の3段階の空爆計画は、空軍のウォーデン大佐（空軍参謀本部）が立案した計画がもとになっている。ウォーデン大佐は中央軍指揮下の空軍司令官のもとで細部計画をつめ、これが3段階の空爆計画として実行に移された。

第4段階は、リヤドの中央軍司令部で、シュワルツコフ最高司令官監督のもとに、SAMS（高級軍事研究課程）修了者で構成したパービス中佐の幕僚グループ（作戦計画班）が策定した。9月末ごろから計画策定に着手し、作業は翌年2月の地上戦開始まで中断することなく続いた。

（ブッシュ大統領が第7軍団の展開を声明した6日後の11月14日、シュワルツコフ中央軍最高司令官は、高級指揮官——全員将官——を中央軍指揮所に召集して、対攻撃は四方面に分かれて行なう予定。ペルシャ湾に近いサウジ・クウェート国境方面には米海兵隊二個師団とサウジの任務部隊一を配し、まっすぐクウェート内に攻め入る。目的はイラク軍を釘づけにし、最終的にはクウェート・シティーを包囲すること。海兵隊のブーマー中将のほうをうなずいてみせ、「具体的な方法はブーマー君に任せるが、海から回って上陸作戦も可能だ」と言っておく。

一方、クウェート西部にもう一つの侵攻ルートを用意し、ブーマー軍に並行して、エジプトの機甲師団二、加えてサウジ任務部隊一を主力とする汎アラブ軍〔アラブ統合部隊〕がこれに沿って進撃。目標はイラク軍補給の要となっているクウェート・シティー北西の幹線道路交差点である。最終的にはこの軍がクウェート・シティー内に入り、市街戦でイラク軍を家から家へとしらみ潰しにするきつい任務も、必要とあればこの軍が受け持つことになる。

さらに西方から繰り出されるのが、米軍主力の必殺パンチ。十八空挺〔第18空挺軍団〕のゲアリー・ラックの顔を見、私は三百五十マイル〔560キロメートル〕以上内陸部に入ったサウジ・イラク国境を指し示すと、「十八空挺はうんと奥に回ってもらう予定だ」と言って、彼の部隊は国境のその付近から一路北に突進、ユーフラテス河に到達して、共和国防衛軍〔共和国親衛隊〕の最後の退路を断つよう求める。ここが確保できたあかつきには、東に転じ、イラク軍主力攻撃作戦を応援する態勢をとること。

そこでやっと第七軍団のフレット・フランクスを振り返って、「君の任務はもう言わずとも分かるだろうが」と、地図のクウェートのすぐ西にある砂漠の回廊部を撫で回し、「ここから突っ込んで共和国防衛軍を叩き潰す」、敵を海に追い詰め、踏み込んで全滅させるのが私の狙いだが、つい言葉を足さざるを得なかった。――「奴らを始末し終えたら、そのままバクダッドまで攻め上がるかまえでいてくれ。共和国防衛軍以外、そこらにめぼしい敵はもう何も無いからな」、だが、バクダッド攻略の必要はおそらく無いことも言っておく。戦はその前に終わっているはずなのだ。

（一部省略）

いったん休憩の後、説明を再開し、まず、Ｇデイすなわち攻撃作戦開始日は二月中旬を予定するむね、皆に言う。（『シュワーツコフ回想録』）

中央軍司令部は、１９９０年9月下旬頃「砂漠の嵐」の計画策定を開始、11月14日に最高司令官が中央軍司令部で各軍団長に「対イラク作戦の概要」を示達。この日以降、各軍団は翌年2月24日の地上戦攻撃開始に向けてそれぞれの準備に邁進。

11月14日の示達時点では、攻撃の主力となる第7軍団はまだドイツ国内に、第1歩兵師団は米本土にいたが、軍団長フランクス中将および師団長グリフィス少将はそれぞれ空路でこの高級指揮官会同に参加した。

●第7軍団のドイツからの展開

ドイツに駐留する第7軍団はドイツからの展開準備予告を受けていた。フランクス司令官と彼の幕僚は、戦争勃発の早い時期から、最終的にサウジアラビアへの展開計画となる構想を温めていた。1990年11月8日、ブッシュ大統領が第7軍団の展開を声明、同日、第7軍団はサウジアラビアへの正式な展開準備命令を受けた。

ジェイホーク軍団（ジェイホークはカンサス州を象徴する架空の鳥で南北戦争当時に活躍した義勇兵・ゲリラに由来）と愛称される第7軍団は、1990年秋、大変動期の真っただ中だった。第7軍団は、一方で部隊を削減しながら、もう一方で部隊を再編するという微妙な立場で、軍団の残余の部隊に最善の訓練を継続しながら、予期される他戦域への展開計画を進めていた。

当時、「陸軍削減計画」は多くの軍団に所属する部隊と兵舎の廃止・再編を求め、第7軍団指揮下の第1歩兵師団（1個旅団はドイツのグッピンゲン駐屯地に前進配備、主力は米本土）は廃編の途上だった。同時に、第7軍団は、新鋭のアパッチ部隊（第6騎兵連隊第6大隊）を受け入れる予定だった。大統領声明（サウジアラビアへの展開）は軍団にとって想定外ではなかったが、それは進行中の多くの削減計画を一時中断することでもあった。

後日譚となるが、第7軍団の大半は、湾岸戦争終了後、ドイツではなくアメリカ本土に帰還して再編成または廃止された。軍団司令部はドイツに帰還し、1992年3月8日、シュトットガルトで軍団旗返還の記念式典を挙行し、4月に正式に活動を停止した。

●M－1戦車の最新化を急ぐ

戦闘には最高の戦闘装備が望ましいことは言うまでもない。このために、ヴオーノ陸軍参謀長は、展開部隊に最高の装備を与えるよう最善を尽くした。

ヴオーノは、イラク軍T－72M1戦車を圧倒するために、M－1エイブラムス（105ミリ戦車砲）を120ミリ戦車砲に換装し、化学防護システムを搭載することを重視した。次いで重視したのはM－2／M－3ブラッドリーのA2モデルへのアップグレードで、アラミド繊維で強化したプラスチックの内張り装甲で乗員の対化学防護が著しく強化された。

ヴオーノ参謀長は在欧米陸軍に対して、783両のM－1A1（120ミリ戦車砲）を、第18空挺軍団と第7軍団の戦車部隊が装備する旧式のM－1（105ミリ戦車砲）と換装するよう要求した。

戦域内の装備の最新化プログラムは満場一致で歓迎されたわけではない。最終的には同意するが、当初、参謀本部とシュワルツコフ最高司令官は、戦車乗員が不慣れな戦車への換装中に戦闘が始まることを危惧した。M－1A1への換装は、M－60パットン・シリーズからM－1エイブラムスへの換装ほど困難ではなかったようだ。

陸軍資材コマンド（AMC）は、1990年11月6日から翌91年1月15日にかけて、「戦域内M－1A1換装計画」を成功裏に終えた。AMCはM－1A1をヨーロッパから受け取り、いくつかの改修をほどこして完全戦闘仕様として、戦域内の部隊に配備した。「砂漠の盾作戦」と「砂漠の嵐作戦」を通じて、AMCは1032両のM－1A1へとアップグレードした。

戦略展開を行ないながら、いつ戦闘が起きてもおかしくない状況下で、しかも約3

か月間という短期間で、1000両もの戦車をアップグレードして第一線部隊に届けるという、米陸軍の底力には脱帽するほかない。杓子定規の官僚主義とは無縁のなせる業か……。

●現地訓練とリハーサル（戦闘予行）

サウジアラビアに到着した部隊は、結果的に「砂漠の嵐作戦」までに十分な時間と空間と弾薬があり、戦闘戦技をより高いレベルに引き上げた。各部隊は、対NBC（核・生物・化学兵器）防護、個人火器、クルー運用の装備に焦点を絞って、訓練に集中した。

8月の酷烈な暑熱の中に到着した第18空挺軍団の兵士たちには、とりわけ気象への慣れが重要だった。兵士たちは砂漠環境が情け容赦ないことを学び、強制的な飲水、訓練、路上行軍を通じて、環境に徐々に適応できるように指導された。

パイロットは砂漠の夜間飛行が極端に困難なことに気付いた。経験豊富なパイロットですら、夜間に暗視ゴーグルを使用して平坦で特徴のない砂漠地形を飛行するとき、高度感覚が失われることをすぐさま理解した。着陸直前に高度を正確に判定できずに地上に衝突する、また低高度飛行中に砂丘に突っ込むこともあった。

欧州から展開した第7軍団は、実際の弾薬を訓練で使用できたので、多数の新兵に、個人火器とAT－4対戦車ミサイルのようなクルー運用火器の実弾射撃を実施させた。アパッチ攻撃ヘリコプターの乗員は、実弾射撃を通じて、空中の微細な砂塵によるレーザーの後方撹乱でヘルファイアーのコントロールが失われるのを避ける方法を発見した。各部隊はM－1A1戦車から多連装ロケット砲システムに至る全ての主要兵器を実弾射撃した。

両軍団（第18空挺軍団、第7軍団）はイラク軍防御施設の精密なモデルを構築した。彼らはイラク軍の完全な「三角形大隊戦闘陣地」を構築、この陣地を突破する部隊、または攻撃前進間に攻撃する可能性がある全部隊が、一連の徹底的な戦闘予行と攻撃戦闘訓練に使用した。

両軍団は航空写真と手引書のテンプレートを参考に、「イラク軍前進塹壕システム」（戦闘陣地、指揮・統制壕、迫撃砲・戦車・砲兵の射撃陣地から構成）のレプリカを実際に構築した。各部隊は、先ず前進根拠地で訓練を行ない、その後、攻撃発起のために集結地へ移動した。

主攻撃部隊となる第7軍団は、西方へ移動して指定された攻撃発起位置へ進出する機会を効果的に利用して大規模な戦闘予行（ドレス・リハーサル：本番に準じた予行）を実施した。軍団長の意図は、250キロの移動（戦闘展開）の機会を活用して、**第7軍団の機動構想「大観覧車」の戦闘予行**とすることだった。

軍団の幕僚たちは軍団長の大胆かつ斬新なアイディアに懐疑的だった。いくつかの問題を解決したとしても、西方への移動は大混乱をもたらす恐れがある。第7軍団は第18空挺軍団の後方地域を横切り、しかも軍団の2個師団は相互に進路を横切る必要があるからだ。

最小限でも、常時、3000両の車両が移動し、しばしば進行方向が集中し、4ないし5本の道路が交差する。戦闘予行は、第2装甲騎兵連隊と第1機甲師団の両者がタップライン・ロードを2度横断——1度は前進拠点への到着のため、2度目は北方へ移動する際——する必要があり、これが混乱に拍車をかける。

だが、フランクス軍団長は、戦闘予行で得られるメリットは予行で生じるリスクをはるかに凌駕する、と確信した。「敢えてリスクをおかす」ことによって、想定を超える偉大な成果を収めることができるのだ。

第7軍団は、先ず、第2装甲騎兵連隊をKKMC（キング・カリド軍事都市）北方の中間準備地域へ向けて動かした。2月14日、第1機甲師団が、ハファル・アルバテン北東の地からタップライン道を越えて、第2装甲騎兵連隊の南方にある前進拠点へ移動した。その直後、第3機甲師団が、タップライン道南の前進拠点からKKMCとタップライン道間の高速道路を横断して、第1機甲師団のすぐ西に陣地を占領した。3個戦闘部隊は戦闘予行を実施する準備を、2月16日に終えた。

リハーサルは2月16日の早い時間に開始して2月18日までには完了した。リハーサルはうまくいったが、これに勝るものは実際の戦闘しかない。軍団から分隊に至るまでに得られた教訓は、戦闘指導法と機動計画の改善に活用された。

米陸軍が「砂漠の嵐作戦」以前に、初戦のために、このように完璧に計画し、準備し、戦闘予行または訓練を行なったことはなく、まさに前代未聞だった。

●Gデイ――1991年2月24日

「砂漠の嵐作戦」の第1～第3段階の航空作戦(38日間)で、多国籍軍が戦域の制空権を完璧に掌握し、イラク軍地上部隊は首根っこを押さえられて身動き出来ない状態になっていた。だが、航空作戦が完璧に実行されただけでは戦争は終わらない。戦争に決をつけるためには、陸戦でイラク軍地上部隊を撃破することが絶対に必要だ。

1991年2月24日午前4時、何百マイルも離れている2人の砲手が榴弾砲の拉縄(りゅうじょう、大砲発射用の引き綱)を引いた。それは第4段階の地上作戦の開始を告げる号砲だった。多国籍軍37カ国以上の62万2000人の陸軍兵士、海兵隊員、航空兵が、当時54万5000人と見積もっていたイラク軍部隊に対して、全正面から一斉に攻撃を開始した。

ペルシャ湾沖で、海兵隊水陸両用部隊——東部アラブ統合軍（the Arab JFC-East：サウジアラビア軍が指揮するアラブ連合部隊）が、カフジ〜クウェート・シティーを結ぶハイウェイへの着上陸の態勢を見せて（陽動）、イラク軍をその場にくぎ付けにした。

その西翼では、第1海兵師団と第2海兵師団がサウジアラビアからクウェートの国境を越えた。タイガー旅団（第2機甲師団第1旅団）は新たにM－1A1戦車を受領し、より軽量な装備しか持たない海兵隊にとって強力な決定戦力だった。海兵隊がイラク軍防御陣地の障害帯を一掃すれば、タイガー旅団はイラク軍機甲予備との遭遇が予想される。

さらに西方では、北部アラブ統合軍（the Arab JFC-North）と第7軍団指揮下の第1歩兵師団が、イラク軍警戒地帯を攻撃してイラク軍の前進偵察部隊と砲兵観測所を一掃し、翌25日に予定されている第7軍団主力によるイラク軍主抵抗陣地への攻撃「大観覧車」の御膳立てをする。

海岸から約400キロメートル離れた最西翼では、第18空挺軍団が、強力な左フックで北方へ攻撃（空中機動）して、イラク軍の退路を遮断して戦域を封鎖する。

●2月27日深夜に多国籍軍の勝利が決定した

戦力は、攻撃または防御の戦闘行動を続けるといずれかの時点で「戦力転換点」に達し、兵員の損失、補給の不足、疲労困憊、敵兵力の増援などが原因で各個撃破される危機に直面する。

湾岸戦争では、中央軍（多国籍軍）は戦力転換点に達しなかった。戦闘部隊の多くはほとんど抵抗を受けない戦闘と移動の連続で、数日後には疲労困憊の極に達しようとしていたが、比較的長く作戦を継続することが出来た。一方、イラク軍は、共和国親衛隊が撃破された時点で戦力転換点に達し、戦闘力と機動力を失い、多国籍軍を止めることができなかった。

第3軍（ヨソック中将）は2個軍団による共和国親衛隊への攻撃を想定していたが、現実は状況の進展が早く、第18空挺軍団が第7軍団の後を追いかける形となった。27日午後1時頃には、第1機甲師団の先導部隊は第18空挺軍団のおよそ50キロメートル前方に位置していた。第7軍団の北方にいた共和国親衛隊歩兵師団は第7軍団にとってはほとんど脅威とならず、しかも第18空挺軍団が東に移動するにつれて、歩兵師団の大部分はユーフラテス河を渡って北方へ逃れ、あるいはバスラへ後退した。

イラク軍戦車部隊を撃滅する好機は、同軍戦車部隊がバスラ・ポケットに到着する以前だったが、アッ＝ラーウィの退却命令によりこの機会が失われた。26日夜、第11旅団のアパッチがイラク軍第10機甲師団を襲撃したときが絶好の機会だったが、結果的には脱出を許した。

アッ＝ラーウィ司令官は、共和国親衛隊が撃破された時点で、イラク本国の防衛を最優先して、残存部隊の離脱を決断した。現地での戦闘を継続していたならば、イラク軍の大半の部隊が撃破されていただろう。事実、43個師団のうち7個師団だけが戦える状態であったが、約700両の戦車が無傷で残った。

38日間の航空作戦による航空優勢が100時間の地上電撃戦を可能にし、多国籍軍はイラク軍を完全に撃破してクウェートを占領状態から解放した。海兵隊、タイガー旅団（第2機甲師団第1旅団）、アラブ同盟軍がクウェート要塞を席巻する一方、主攻撃部隊の第3軍は第18空挺軍団の「空中包囲」と第7軍団の「大観覧車」でイラク軍防御を錯乱状態に陥れた。

シュワルツコフ最高司令官が「イラク軍の重心は共和国親衛隊」と評価したことを

裏付けるように、**2月27日深夜**、イラク軍親衛隊が実質的な脅威でなくなった時点で多国籍軍の勝利が確定した。

「大観覧車」は、米国史上、最短時間で勝利を収めた最大かつ唯一の地上戦闘となった。100時間の地上戦闘で、米軍部隊は3000両以上の戦車、1400両の装甲車両、2200門の大砲を破壊もしくは鹵獲した。

第18空挺軍団はイラク軍部隊ライフラインの「ハイウェイ8」に達してその機能をマヒさせた。第7軍団は、イラク軍のクウェート戦域「防衛の重心」である共和国親衛隊を、その鉄軌で蹂躙して撃破した。第1機甲師団がメディナ・リッジを完全に包囲した時点で地上戦は終わった。

100時間の地上戦闘は陸軍がなお効果的な陸上戦力であることを見せつけた。機械化部隊は強大な戦闘力を歴史上のいかなる同種部隊以上によりすばやく、より遠くまで機動させた。**第7軍団の機械化部隊は1日平均95キロメートル機動し**、それは戦史に特筆されるドイツ国防軍の電撃戦を2倍も上回っていた。

第101空中機動師団は、敵地160マイル（約260キロメートル）後方に全力が空中機動して史上最大の空中包囲を達成した。彼らは敵地後方（イラク領内80キロメートル）に前進拠点を設定して、そこからさらに180キロメートル後方のユーフラテス河までカエル跳びした。

多国籍軍は「砂漠の嵐作戦」――38日間の航空作戦プラス１００時間地上戦――で、四国の3倍に相当する5万１８００平方キロメートルの地域からイラク軍を追い出し、クウェート全域を解放した。それは最小の人命の犠牲で成し遂げられ、戦史上かつてない記録だった。

地上戦闘は１４０人の戦死者と４５８人の負傷者を出して停戦し、戦死者はベトナム戦争最盛期に米軍部隊が２日間の戦闘でこうむった数とほぼ同じだった。多国籍軍全体では、参加者約80万人のうち戦死者２４０人、負傷者７７６人だった。

※「１００時間地上戦」は、防衛研究所刊行『湾岸戦争史』（ＰＤＦ版）の「第２章　陸上作戦から見た湾岸戦争」に詳述されている。同資料は一般公開されているので、関心のある方は参考にされたい。

第５章　「初戦」の勝利が戦争の勝利

中国古代の『易経』に由来する「**治に居て乱を忘れず**」という警句がある。「**油断大敵**」も同義語だ。いずれも知識としては承知されているが、治の安逸に溺れて実行が伴わないのが現実だ。米国は戦争が終わると同時に次の戦争はないと決めつけ、次の戦争への備えを解いて、次の戦争の初戦で大敗を喫した。

この前例を打破したのが、湾岸戦争の史上稀に見る勝利だった。ポストベトナム戦争の時代は東西冷戦最盛期で、米国は武装を解く暇《いとま》すらなく、崩壊状態の軍の再生と対ソ戦をにらんだ次の戦争への準備に邁進せざるを得なかった。

１９９０年前後、軍の近代化が概成した時期に、東西冷戦の終結、ソ連邦の崩壊という国際情勢の大激変があった。このような時期に湾岸戦争が勃発し、米国は多国籍軍の中核としてこの戦争を主導した。湾岸戦争は勝つべくして勝った戦争と言えるが、以下、「砂漠の嵐作戦」に焦点を当て、勝利の要因を11項目のキーワードで探って見よう。

①「理念と人」を重視した志願兵制陸軍
②初戦必勝には平時からの備えが不可欠
③人（将校・下士官・兵）と部隊は次の戦争への準備が完了していた
④近代戦には質の高い兵士が不可欠
⑤兵器テクノロジーの圧倒的な優越
⑥空／地一体の統合陸上戦闘
⑦戦場における情報活動の優越
⑧敏捷性（アジリティー）が戦闘のスピードと奇襲を可能にした
⑨状況に即応したアド・ホック兵站
⑩予備軍と常備軍による「総合戦力構想」の成果
⑪有事における民間産業の迅速な対応

●「理念と人」を重視した志願兵制陸軍

湾岸戦争は、第1次大戦以降にアメリカ合衆国が参戦した第2次大戦、朝鮮戦争、ベトナム戦争などの主要戦争と異なり、初戦での勝利がすなわち戦争の勝利だった。最大の特色は戦死傷者の少なさが際立ったことだ。

湾岸戦争終了直後の印象的なエピソードがある。第24歩兵師団長マカフライ少将は、上院軍事委員会で「どのようにしてこの戦争に100時間で勝利したのか？」という質問に答えて、「この戦争は100時間で勝ったのではなく、15年間かけて勝利したのだ」と応じた。

マカフライ師団長の万感の思いには、ベトナム戦争で合衆国陸軍の崩壊状態を目撃した同世代の軍人たちの苦悩と、目を見張る一連の陸軍改革プロセスの中で軍人生活の大半を過ごしてきた世代の胸のうちが籠められている。

1980年代のレーガン政権時代に、すべての軍種（陸軍、海軍、空軍、海兵隊、沿岸警備隊）は自己刷新を遂げたが、陸軍は次の2点で他の軍種とは異なった。

①南ベトナム（当時）から撤退した直後、最大の制度的危機に直面した陸軍は、以前の大規模徴兵制陸軍から、質の高い長期服務のプロフェッショナル軍人から成

る**小規模志願兵制陸軍**へと、抜本的な変革を余儀なくされた。

②陸軍の改革を主として「**機械よりむしろ理念と人**」に絞った。最新鋭の武器を装備して湾岸戦争に臨んだことは事実だが、地上戦に圧倒的な勝利をもたらせたのは、若い兵士と彼らを率いた将校・下士官の卓越した質、そして作戦方式の優越だった。

ポストベトナム戦争の米陸軍には、「壊滅状態だった陸軍の再生」と「欧州正面でソ連軍を撃破し得る強い陸軍の再建」の2つの側面がある。マカフライ師団長の証言のように、これらを成し遂げるために15年間の歳月が必要だった。

健全な陸軍の再生と戦える陸軍の再建のエンジンを担ったのがトラドック（陸軍訓練教義コマンド）だ。再生と再建の2つが完成した暁に、東西冷戦の終焉とソ連邦の崩壊があり、その直後にイラクによるクウェート侵攻が起きた。

ベトナム戦争後の困難な時期に、志願兵制を採用した陸軍は、改革の道に自らを投じる責務があった。彼らは、志願兵制陸軍という理念の中に、米国軍事史上初めて、最小の犠牲で初戦に勝利する新スタイルの陸軍を創造する機会を見出した。

彼らが創造した小規模プロフェッショナル陸軍は、かつてなかった機敏性とスピードをもって機動し、指揮官・リーダーたちは主導的に決断できる独断専行の気概を身につけていた。この新生陸軍は、とことん戦って勝つよりはむしろ知恵で敵を負かすことを追求した。

●初戦必勝には平時からの備えが不可欠

第2章で述べたように、米軍は第1次大戦以降の戦争参加の「初戦」で手痛い敗北を喫した。ポストベトナム戦争の湾岸戦争では、冷戦最盛期の対ソ戦を想定した備えが功を奏して、中央軍を中核とする多国籍軍をすばやく編成して、軍事史上かつてないほどの勝利を収めた。

中央軍（USCENTCOM）は、1983年1月1日、旧緊急展開部隊を改編して第6番目の統合軍として新設された。太平洋軍（当時）と欧州軍の接触部となる南西アジア、ペルシャ湾岸地域、アフリカの角地域が管轄区域だ。他の統合軍と異なり、管轄区域内に実働部隊を保有せず、司令部を米本土のフロリダ州マックディール空軍基地に置いた。

中央軍の任務は、他統合軍への増援準備と管轄区域の「非常事対処計画」の策定などだった。有事には在米陸軍総軍（FORSCOM：フォースコム）と戦術空軍（第

9空軍、第12空軍）を指揮し、平時では陸軍3個師団（第24歩兵師団、第18空挺師団、第101空中機動師団）が直属していた。

中東地域を担当する中央軍は、1983年以降、ソ連軍のイラン侵攻を想定して毎年ウォーゲームを実施した。直近の「インターナル・ルック90演習」は、「砂漠の嵐作戦」の理論的な青写真となり、状況不明下のプロセスにおける都度の決断や土壇場での決断に際して、中央軍のリーダーシップの強力なハンマーとなった。

最高司令官として多国籍軍を指揮したシュワルツコフ大将は、退役後に出版した回想録でイラク侵攻直前のウォーゲームの状況を述べている。中央軍は平時から有事に備えた蓄積があり、湾岸戦争勃発に際しても右往左往することなく対応できた。

湾岸戦争勃発と同時に第82空挺師団と第24歩兵師団（機械化）がサウジアラビアに緊急展開した。第24師団は、過去10年間の大半を、南西アジアを戦闘地域と想定する訓練を積み重ねていた。同師団は、空挺部隊が事前に確立した空挺堡（エアヘッド）で提携（リンク・アップ）する古典的な任務を遂行する部隊だ。

兵站部門にも平時の訓練の積み重ねがあった。リフォージャー演習は兵站部門のナショナル・トレーニング・センターだった。同演習は、冷戦時の予想戦場である西ドイツ（当時）への増援演習で、1969年から毎年実施されていた。

演習の実施により、兵站屋は、大規模部隊と装備を合衆国から欧州へ集中・輸送する力量を実戦的に試された。10個師団を10日間で欧州へ輸送するという必要性は、演習計画担当者と兵站システムに極限の努力を強いた。

リフォージャー演習で十分に経験を積んだ兵站屋は、ドック管理（荷役：船荷の積み下ろし）から倉庫管理までを取り扱った。ナショナル・トレーニン、グ・センターでの実戦的訓練が１００時間地上戦の最高の準備となったと同様に、リフォージャー演習は米軍部隊をサウジアラビアに輸送する実戦的な訓練の場となった。

●人（将校・下士官・兵）と部隊は次の戦争への準備が完了していた

戦闘教義（エアランド・バトル・ドクトリン）の開発、訓練の刷新（ＮＴＣなどでの実戦的訓練）、リーダーの育成（自主独立的に行動できる将校・下士官の育成）を完了して湾岸戦争に臨んだ米陸軍は、初戦での壊滅的な敗北を回避しただけではなく、むしろ実質的に無傷で完全な勝利をものにした。

アメリカ合衆国は、空前のスピードと効率により、地上戦力の主力を、米本土や欧州からアラビア半島の戦域に展開した。兵士たちは、戦域で新たに準備することはほとんどなく、世界で最も居住に不適な気候・気象の中で、戦闘態勢を完璧に整えて戦闘に臨んだ。

米軍は、初戦での勝利を目指すだけではなく、一度の決定的な作戦（砂漠の嵐作戦）で敵の重心（イラク軍共和国親衛隊）を撃破する、という理念でこの戦役に勝利した。すなわち初戦イコール最終戦であることを立証した。

米陸軍は、第3章で述べたように、ポストベトナム戦争の15年間にわたる陸軍改革を推進し、腰を据えて実戦的訓練に取り組み、そしてこれらの施策を完遂するために積極的に国家予算を投入し、兵員の汗を流した。湾岸戦争が勃発した時点ではこの壮大な事業が完成しており、最も望ましい条件で戦争に参加することができた。

次の戦争において、最小の犠牲で勝利を目指すのであれば、兵士は戦域に展開する以前に実戦的に戦うことを学んでいる必要がある。湾岸戦争に臨んだ指揮官（中隊長以上）とリーダー（小隊長以下）は部隊を指揮する準備が完了していた。部隊は砂漠地で遺憾なく戦った。

米陸軍は各種学校（戦略大学、指揮幕僚大学、兵種実施学校、下士官学校など）における基本教育（課程教育など）に投資、近代戦を戦える将校と下士官を育成、彼らに自己研鑽を動機づけ、能力に見合った報酬で報い、そして部隊を指揮することに自信をもたせた。

戦闘部隊はNTC（ナショナル・トレーニング・センター）、ルイジアナ州フォート・ポークの統合即応訓練センター、ドイツのフォーエンフェリスの戦闘機動訓練センターなどでの仮設敵（オプフォー）との実戦的な対抗方式の訓練、機動訓練、シミュレーションなどを通じて、実戦に不可欠な戦闘予行を積み上げていた。

戦闘指揮訓練プログラムを使用するウォーゲームと指揮所演習は、実弾射撃と機動訓練の不足部分を補い、そして上級レベルの指揮官・幕僚にとって不可欠の状況判断、調整といった無形のスキル（戦術能力など）を磨き上げた。

平時に軍事予算を削減するとき、いつも訓練予算を縮小したいという誘惑にかられる。理由は訓練に予算を注ぎ込むことの無形的な価値が計測しがたいからだ。こうして実戦への準備不足の部隊が再び甚大な損害を蒙るのだ。準備不足の代価はドルではなく兵士の血の犠牲だ。

イラク／クウェートの戦場は、陸軍の訓練革命が正しかったことを立証した。将校・下士官教育システムは指揮官・リーダーとしての専門特技を改善向上しただけではなく、自ら手順や狭義の枠を克服できるような主体性と自信を、彼ら将校・下士官に定着させた。

ミッション・コマンドという指揮哲学の定着により、軍団長から分隊長・班長に至るまでの指揮官・リーダーが、知的エネルギーを集中して自ら困難な問題を解決し、自らを国外の戦闘環境に完全に適応させることができた。

●近代戦には質の高い兵士が不可欠

志願兵制陸軍では「高質の兵士（下士官の下の階層）」の存在が不可欠。彼らは命ぜられたことを誠実に実行するだけではなく、自ら考え、判断し、行動できなければならない。**質の高い兵士はスマートで、心身が健全で、身体能力が高く、かつ回復力に富んでいる。**

サウジアラビアの摂氏60度もの暑熱に放り込まれたとき、自ら細心の注意をはらって身体の健康を保ち、自律心のある兵士だけが、兵士としての機能を効果的に発揮出来た。危機発生初期に展開した降下部隊（第82空挺師団）の兵士たちは、すみやかに現地の環境に順応し、到着後ただちに行軍し、戦闘できる準備が整っていた。

彼らは想像を絶する原始的な条件の下で、数カ月間自らの健康・機能を維持できた。南西アジアに展開した31万5000人のうち誰1人として熱病で死んだ者はいない。全体の罹患率は歴史上のいかなる軍隊と比べても最良のレベルだった。

戦場において、訓練精到な戦車乗員などのクルー、パイロット、歩兵は心身が堅牢で、不屈で、近接戦闘行動へ十分に適合できた。彼らが規律厳正な態度を遺憾なく発揮した象徴的な例は、加害が可能なイラク軍兵士を殺傷することへの自己規制と嫌悪感であり、また停戦後における戦士から人道主義者へのすばやい変身だった。（21世紀のウクライナ戦争に見られたロシア軍の残虐行為は、国民性や軍隊の質にもよるが、軍隊教育の欠陥と思料される）

エアランド・バトル・ドクトリンへの適応がうまくいったのは、質の高い兵士ならだった。現代の複雑精巧な装備は、兵士がいかにその機能を発揮させるか、故障時にどのようにしてその機能を回復させるか、に習熟していなければならない。

エアランド・バトルの戦場では、柔軟性と創造性、将軍から軍曹に至る指揮官・リーダーの個人的なイニシアティブ（主導性）が不可欠である。このような資質は一朝一夕には成らず、非凡な人材集団の中でのみ開発が可能だ。

陸軍当局は、戦域に既に展開していたエイブラムズ戦車とブラッドリー装甲戦闘車を最新化するという決断を下した。その背景には、各乗員はその戦闘能力をいささかも減ずることなくすみやかに装備を換装（戦車砲を105ミリから120ミリ砲に換装など）できるという大局的判断があった。

情報短波無線端末（トロージャン）、統合監視目標攻撃レーダー・システム、陸軍戦術ミサイル・システム、空中ドローン（無人機）などの試作品と開発途上装備を戦場で使用できたのは、指揮官、リーダー、兵士が、初歩的な慣熟後に、彼らが装備の機能を最大限発揮できるように戦術・運用を自ら創意工夫出来たからだ。

●兵器テクノロジーの圧倒的な優越

最少の犠牲で最速に勝利するためには、四つ相撲の近接火力戦闘に陥る前に、敵の動きを封じ、敵を心理的／物理的に圧倒しなければならない。「砂漠の嵐作戦」では、多国籍軍は、イラク軍を可能な限り迅速に撃破するために、敵の目から自軍を隠蔽し、航空作戦および欺騙行動を行なって縦深にわたる破壊地帯を構成した。

第101空中機動師団は、イラク軍の後方180キロメートルの地点に空中機動し、イラク軍の前方防御を錯乱状態に陥れた。降着部隊を撃破するためには、イラク軍は主力地上部隊を迅速かつ完全に再配置する必要があったが、イラク軍にはそのような対処能力が残っていなかった。

第7軍団（第1機甲師団、第3機甲師団、第1歩兵師団など）は火力と機動力で縦深打撃を行なった。最初に戦術航空戦力と戦術ミサイルによる波状攻撃、次いでアパッチ対戦車ヘリの攻撃、最終的にＭＬＲＳ（多連装ロケット砲システム）が止めを刺し、イラク軍をその場に釘づけにして、大規模な崩壊をもたらせた。

長距離戦術ミサイルは迅速かつ低負担で縦深同時打撃が達成可能だ。ミサイルの長所は、ミリ波と赤外線シーカー技術で誘導するスマート精密弾で敵の点目標を破壊でき、選択した重要目標を各別に撃破できることだ。

「砂漠の嵐作戦」では、イラク軍の作戦縦深全体に脅威を与えるだけではなく、多国籍軍の配置と機動を妨害できるイラク軍のあらゆる能力を同時に抹殺しようと試みた。このプロセスには3つの形態があった。

①**イラク軍の空中使用を封殺**して〝目つぶし〟状態にした。イラク軍は多国籍軍の作戦区域内を十分に監視できなく、特殊部隊を多国籍軍の後方地域に侵入させるための空中機動力の発揮もできなかった。Gデイ前夜のイラク軍警戒地域への襲撃は、イラク軍前線指揮官の多国籍軍側を監視する能力を抹殺した。イラク軍は多国籍軍から発見され破壊されることを恐れ、人半の最先端電子監視／探知、およびジャミング機器の電波の発射を止めた。

②反撃の可能性がある**イラク軍予備隊を空爆**／**砲撃の目標に特定**、予備隊をその場に拘束、後刻機動部隊による撃破を可能にした。空爆第3段階で、地上機動を容

易にする目標に航空戦力を徹底して集中、イラク軍予備旅団（第52機甲旅団）」を完全に撃破した。

③イラク軍長射程砲兵の位置を標定して即座に対砲兵射撃により撃破。**情報／火力統制／通信の完全統合**から生ずる圧倒的な効果が、多国籍軍の勝利に最大限寄与した。無人機や対砲レーダーなど最新の目標標定手段があれば、いかなる砲兵部隊も、配置や秘匿を完全に行なっても、射撃すれば瞬時に発見される。

「砂漠の嵐作戦」における近接戦闘の戦死者は過去の戦争と比べるとはるかに少なかった。その理由は、戦闘要員すなわち歩兵、戦車乗員、砲兵、アパッチのパイロットが圧倒的に優勢な兵器を保有していたこと、ならびにイラク軍が化学兵器を使用しなかったからだ。

米軍部隊は夜を支配し、近接火力戦闘での戦死傷者をきわめて低レベルにおさえた。サーマル・サイト（熱戦映像装置）と赤外線視察装置により、戦闘車両とヘリコプターは夜暗を完全に克服してイラク軍戦車に対して有利に交戦できた。

とはいえ、イラクとクウェートで使用した熱戦映像技術は、砲手が極端な遠距離で友軍の識別が困難という問題を抱えていた。戦場で発生した〝友軍相撃〟の大半は、砲手とパイロットが、暑熱と戦場の混乱の中で、米軍戦車をイラク軍戦車と誤認したことから生じた。この悲劇を避けるためには、夜間における視察のあり方と夜間視察装置の改善が必要だ。

近接火力戦闘での圧勝は、ビック・ファイブ兵器システムの3つ（攻撃ヘリ、戦車、装甲戦闘車）によって達成された。

イラク軍は8キロメートルの遠方から発射した**アパッチ**の機影をほとんど発見できなかった。アパッチは、中烈度の戦場とくに夜間において、致死性と生存性が高いことを証明した。

同様に、**エイブラムズ戦車**はスタンド・オフで敵戦車を発見し射撃した。戦車に搭載している熱戦映像装置は昼夜にかかわらず3000メート以上で敵を発見できる。エイブラムズ戦車と**ブラッドリー装甲戦闘車**は乗員の防護に顕著な成果があり、また実際には使用されなかったが、化学戦でも乗員の命を救ったであろう。

ビック・ファイブ兵器システムの残りの2つもまた十分な成果をあげている。**UH－60（ブラックホーク）**は真の〝働き馬〟として旧式のUH－1にとって替わった。ブラックホークは長飛行距離、高速度、大積載量、生存性の向上により、第101空中機動師団にかつてないほどの機動力（カエル跳び）をもたらせた。

パトリオット・ミサイルは、イラク軍のスカッド短距離ミサイルを撃墜するまではかならずしも信頼されていたわけではないが、友軍に防空の傘を確実に提供し、多国籍軍の各部隊から大いに感謝されるようになった。

●空／地一体の統合陸上戦闘

「砂漠の嵐作戦」における航空攻撃段階（第1～第3段階）は、絶大な効果を挙げた。とはいえ、航空攻撃だけで戦争の決はつかない。最終的に陸上戦力で敵を撃破して地域を支配することが不可欠。航空攻撃の絶大な効果は否定しないが、あくまで地上戦闘のお膳立て段階だ。

『超限戦』の著者2人は中国空軍出身で、彼らは多国籍軍のATO（Air Tasking Order：航空任務命令）に強い関心を示し、高い評価を与えている。

毎日三〇〇ページに及ぶ「空中任務指令［ATO］」こそ空中戦役のカナメである。それは作戦の総攻撃計画に基づき、すべての航空機のために最も適切な打撃目標を連日選択する。毎日、数千機もの多国籍軍の航空機がアラビア半島、スペイン、イギリス、トルコから離陸し、コンピューター処理を経た「空中任務指令」に従って、

軍種や国境を越えて緻密にタイアップし、空中から攻撃を行う。(喬良・王湘穂著、坂井臣之助監修、劉琦訳『超限戦』角川新書)

多国籍軍にとって幸運だったのは、航空攻撃段階でイラク軍が比較的静的状態を維持したことだ。Gデイ前、イラク軍が動くと、ほんのわずかな陣地変換であっても、多国籍軍の航空攻撃により破壊され、イラク軍の戦力減少は顕著だった。

地上戦が始まると、特にA－10(空軍の近接航空支援専門機)は、30ミリ砲が効果的に支援できるまで飛行高度を下げると破壊的だった。とはいえ、近接航空支援機は、イラク軍対空防御がなお有効であったため、1万フィート(約3000メートル)以下に高度を下げることは稀だった。

地上戦闘における機甲部隊の動きが速すぎて、FAC(地上の前線航空統制官)は敵と味方を明確に識別することが困難だった。このために空軍の近接航空支援機が友軍の前縁から5キロメートル以内を飛行することはなかった。また空軍の近接航空支援機と地上部隊の間で友軍相撃の恐れもあり、地上部隊指揮官たちは近接航空支援の要請には慎重だった。

アパッチとコブラで構成する陸軍固有の航空火力の存在が、空軍の戦術航空戦力への伝統的な依存を軽減した。陸軍固有のヘリコプター部隊だけが、イラク軍の塹壕陣地を発見し、地上部隊とヘリコプターによる攻撃を調整するために最前線の歩兵中隊長の近傍に着陸し、その後ただちに目標の破壊に参加できた。イラク軍にはヘリコプターを撃破する手段がなかった。

空軍と陸軍には運用や思想に違いはあるが、「砂漠の嵐作戦」では、統合がかつてなかったほどのレベルで実施された。将来の戦場における空／地一体の陸上戦闘では、全ての空中／地上プラットフォームは、陸軍／海軍／空軍／海兵隊のプラットフォームが一体となって効果的でシームレスな打撃部隊となることが重要だ。

●戦場における情報活動の優越

情報の優越は作戦／戦闘に勝利するカギである。米軍を核心とする多国籍軍は、地球規模のネットワークとＩＴ（情報技術）を最大限に活用して、イラク軍の情報活動を完璧に封殺、「砂漠の嵐作戦」勝利に最大限貢献した。

戦域司令官の要求に応える情報努力の方向は、「戦場全体を常時見渡す監視の目」であることに疑いの余地はない。地上戦開始以前に、多国籍軍はイラク軍の戦術展開から個々の火器に至るまでの配置を全て特定することが出来た。

2月24日に地上作戦が開始され「大観覧車」が動き始めると、戦場一帯は過酷な気象に見舞われ、油井炎上による煙と砂嵐の砂塵に覆われた。このような状況で、敵情の解明と目標標定の決定的手段となったのは、**統合監視目標攻撃レーダー・システム**（JSTARS）だけだった。

教訓として言えることは、状況に即応できる衛星、JSTARS、U－2機、RF－4機、無人機などの戦術的／戦略的監視システムを一体として運用する必要があるということ。これらシステムは、あらゆる手段を講じて戦場全域をカバーするために早期に配置する必要がある。

情報は必要な人や部署に届かなければ無価値だ。「砂漠の嵐作戦」では情報の配布がアキレス腱だった。戦闘部隊指揮官は信じられない量のハードコピー画像を要求した。ハードコピー画像や情報資料は大量に生成されたが、現用の通信施設や機器では師団以下の部隊に送信しきれなく、戦闘部隊の要求には応えられなかった。

解決策は、リアル・タイムに近い戦術画像収集システムの強化だ。これらは統合監視目標攻撃レーダー・システム、無人機、特定目標データを提供する高解像度画像配布手段などで、これを解決する新装備が**トロージャン（電子メール・ファクシミリア・電話が一体となったシステム）**だった。

〈写真／U.S,Army〉

部隊はトロージャンの早期配備を希望したが、2月までサウジアラビアの戦域に届かなかった。第3軍情報部は、12組のトレーラー搭載トロージャン端末（写真）を計画し、組み立て、部隊配備の準備を終え、2月8日に配備プログラムが完了、地上戦に何とか間に合った。

新装備を受領する部隊は、トロージャンを使いこなすために72時間の慣熟訓練が必要だった。トロージャンがひとたび部隊に配備されると、情報テンプレート送信の主要なチャンネルすなわち手段となった。

師団および師団以下の情報部隊は、ほとんど生地《せいち》（初めての土地）ともいえる地形での攻勢作戦では、野戦指揮官に対して目標標定に役立つデータの提供に焦点を置く必要がある。このためには、軍事情報部隊が射撃部隊へ目標標定に役立つデータをただちに確実に通信できる、よりバランスの取れた収集能力が必要となる。

軍事情報部隊は速いペースの動き（機動戦、浮動状況）に追随出来なければならない。戦闘部隊が情報の到達範囲外に出ることは火力支援の範囲外に出ることであり、危険が増大する。軍事情報部隊は、目標の標定と状況の解明の両者で、戦術指揮官の要求に応えることが絶対条件だ。目標を標定する機能では、質の高い目標情報の生成能力を最優先しなければならない。

●敏捷性（アジリティー）が戦闘のスピードと奇襲を可能にした

地上戦の戦い方は、イラク軍が防御態勢を整える前に、彼らの想定する時間より早く決定的地点に到着し、心理的に錯乱させて抵抗意志を砕く、という意表をつく戦術だった。イラク軍高級司令部は、彼らの経験則から、第7軍団が実施した「大観覧車」のような大規模な機動戦闘は不可能と考えていたために、「大観覧車」が奇襲となったのだ。

第3機甲師団と相対したタワカルナ師団長は、停戦後、「米軍が近くにいることは承知していたが、米軍の攻撃開始まで5時間の余裕があると信じていた」と陳述している。第24師団がイラク軍の退路となるハイウェイ8号を遮断した後も、ハンムラビ師団はこの状況を承知せず、戦車を重器材運搬車に積載して、通常の輸送手段として後方へ送り続けた。

イラク軍は、米軍クルーの夜間機動能力と夜暗／雨／砂嵐時の長距離殺傷能力を完全に誤判断していた。米地上戦闘部隊がイラク軍を心理的に支配／優越できた基盤は、戦闘部隊の「敏捷性」（アジリティー）すなわち機敏に前方へ突進する能力、敵に妨害されない全体的な前進ペースの維持、戦闘中の予期しない脅威や好機における電光石火の反応などだった。

敏捷性とは精神状態のことをいう。米軍兵士の「即座に決断する」能力は、丸暗記よりはむしろ「精神の柔軟性と大胆さ」を強調する軍事教育システムの中から生まれ、そして強化されてきた。

敏捷性とは、心身の両面において、敵以上により素早く変化出来ること、敵の先制に対して心手期せず反応出来ることが絶対条件だ。「戦闘訓練」と「訓練教令」は戦術レベルでの敏捷性を高め、「不測事態対処計画（コンティンジェンシー・プラン）」は最小限の遅延で部隊または火力の整斉とした変更を可能にする。

指揮官と部隊は、戦闘場裏で不可避の摩擦と混乱を克服するため、継続的に戦場を読み、迅速に決断し、躊躇なく行動できなければならない。彼らは、戦闘訓練センターでの対抗方式の実戦的訓練を通じて、自主積極的に任務を遂行する「独断専行」の気風を習得した。上級指揮官が自らの全般企図の範囲内で、部下の独断専行を容認するとき、戦闘に勝利できるのだ。

新生陸軍で育った将校たちは、共通の文化的バイアスを身につけている。このバイアスが作戦計画とオーディブル（命令・指示、※アメリカン・フットボールで戦術変更などを指示すること）に落としこまれており、野戦指揮官は状況を即座に理解して行動できた。

敏捷性の物理的な側面は、かつてないほどの空中／地上機動力を可能にするテクノロジーによって強化された。世界中のいかなる軍隊も、このように茫漠とした居住不適の地形で、かくも迅速に機動出来た例はない。

第１０１空中機動師団が行なったユーフラテス河への１８０キロメートル空中ジャンプ（カエル跳び）は、ヘリコプターが「火力支援と機動の最も敏捷な全天候型プラットフォーム」であることを、あらためて証明した。

同時に、米陸軍が依然としてヘリコプター運用に卓越していることを立証した。主力機動部隊が敵の背後地に進出し、その戦力が敵に及ぼす心理的撹乱は、空中機動作戦の複雑さ、戦術的リスク、そして高い犠牲を超えて余りあった。

第101空中機動師団の空中機動は近代的機動戦術の精華といえるが、軽戦力の空挺/空中機動部隊のカエル跳びはあくまで一時的奇襲で、地上機動の重戦力（機甲部隊など）とリンクアップしてはじめて真の戦闘力となる。「部隊の敏捷性」をパーフェクトにするためには、夜間、自由に行動出来ることが絶対の条件だ。第3機甲師団は、夜間でも昼間同様に前進のテンポを維持することができたので、タワカルナ師団に対して5時間を稼ぐことができた。第101空中機動師団は、夜の闇にまぎれてイラク軍の対空防御を克服できた。

戦車/歩兵戦闘車などの装甲戦闘車両は、暗視ゴーグルと熱線映像視察装置を搭載し、卓越した夜間視察能力を保有している。一方で、火力支援、兵站、輸送を含むその他の車両は、夜間移動のテンポを維持するために広範囲の夜間装置の追加配備が必要だった。

現代の指揮、統制、通信テクノロジーは、野戦軍の頭脳と筋肉とを一体化して敏捷性を可能にするニューロン・アンド・シナプス（情報処理、情報伝達および伝達回路）を構成している。米陸軍の指揮・統制機構はヨーロッパ防衛用にデザインされていたが、アラビア半島の地上作戦でもうまく機能した。連続した速いペースの作戦に適応するために、指揮所（コマンド・ポスト）と戦闘幕僚は贅肉がより少なく、より機敏でなければならない。

笑い話になるが、第一線古参指揮官の多くは、心情的に、30年前のFM通信機で通信手に送信させるというイメージ、また運用軍曹にオーバーレイにグリース鉛筆で描かせるというイメージを持っていた。これはよくある話だが、近代的米陸軍も例外ではなかったようだ。

●状況に即応したアド・ホック兵站

突発的に起きる有事には、平時の延長線上での思考／方法は通用しない。湾岸戦争当時の米陸軍には、組織も人材も、このような状況に即応できる柔軟性と実行力があった。不可能と思われた「山を動かした」兵站がこの典型例だ。

パゴニス少将（後に中将）は、彼独特のスタイルで兵站理論を再定義して、戦役の基盤を構成する戦域を築き上げた。彼は21人の幹部要員（将校・下士官）を引き連れて基盤がゼロだったサウジアラビアに乗り込み、緊急展開部隊の支援に必要な機構の構築に着手した。

8月の早い時期に、サウジアラビアに到着する部隊の規模とスピードは、小さな兵站運用センターの能力をはるかにオーバーした。人員不足の中で、パゴニスの選抜チームは、部隊の移動と支援を保証できる機能を完全に備えた「アド・ホック戦域陸軍地区コマンド（臨機的な司令部）」の幕僚とならざるを得なかった。

「砂漠の盾作戦」の立ち上がり時、中央軍の計画担当者は、大統領が戦域陸軍地域コマンド（TAACOM）の要員を完全充足できる予備役の召集を認めるか、が最大の関心事項だった。予備役招集の第一優先は、現役部隊の中で即応態勢になっていない港湾荷役要員、通信特技要員、衛生技術要員など不可欠の実務要員を部隊に配置することだった。

戦術常識では、戦闘部隊を展開させる前に、戦域に根拠地（ベースキャンプなど）をあらかじめ設定して、到着する戦闘部隊を受け入れる要員も物資も施設も存在している。だが、湾岸戦争の舞台となったサウジアラビアには根拠地もなく、支援要員なども皆無だった。

戦域に派遣される緊急展開部隊は、１週間程度の補給品は自前で携行するが、それ以降は上級部隊から継続的に支援を受けなければ戦闘力が維持できない。湾岸戦争は事前準備が皆無だったが、対応できたのは、**海外のポンカス（装備品事前集積）基地の存在および海上事前積載船の洋上配置**のおかげだった。

六隻の配備船（おもに弾薬を積んでいる空軍船二隻と陸軍船四隻）がすでに動員され、インド洋のディエゴ・ガルシア島からペルシャ湾に向かっているという情報を得ていた。これらの船舶が戦域（米軍が実際に配備されるという前提で）に最初の大量の補給物資を持ち込む公算が強く、フォースコムの後方支援チームはペルシャ湾に急行していた船の積み荷の概要を手早く知らせてくれた。各配備船は、戦域に「基地を持たない」軍を支援するために必要だと考えられる品目のほとんどを、少なくとも最低限の量は積載していた。たとえば、次のような補給品である。小火器用弾薬と三万二五五〇個の手榴弾、一六台のパン焼きオーブンと地雷三〇〇〇発、二〇〇〇万リットル強のジェット機用燃料。集積船はクレーン、保冷庫、フォークリフトも積んでいた。機関銃、迫撃弾、六〇〇〇枚の寝袋、軍服と作業服、七台の野外洗濯ユニット、一二万四〇〇〇食の携帯糧食。ほかの種類の食糧を加熱する固形燃料、医療品、簡易ベッド、毛布、テント、謄写印刷機、マイクロフィッシュ表示機、ファイルキャビネットと無線機、そのほかにも数えきれないほどの品目を積んでいた。積載していた品目でとりわけ重要だったのは木材だ。一四万メートル弱の板材と一八〇〇枚の合板を積んでいた。米軍のサウジアラビア到着から数日のうちに、サウジアラビア国内の建築用木材の大半を建築部隊が使い尽くしてしまったからである。

（『山・動く 湾岸戦争に学ぶ経営戦略』）

兵站（燃料油脂、弾薬、糧食などの補給）は、野外における部隊の戦闘力を維持すること以上に、はるかに重要な機能だ。兵站の推進力は、展開部隊が自らの安全を確保して任務を遂行する進捗の度合いを決定する。サウジアラビアのような遠隔地では、戦役部隊の作戦範囲／攻勢終末点は、最高司令部の兵站幕僚たちの力量によって大きく左右される。

事前準備皆無の中で戦域を構成するという切迫した問題は、平時の伝統的なやり方と真反対に、取得した必要な補給品を（本土の兵站センターなどから）部隊に直接補給するやり方、すなわち臨機応変の形で解決した。口にするのは簡単だが実行に移すのは容易ではない。米軍にはこのような柔軟性と実行力がある。

ヨソック（兵站の最高責任者）とパゴニス（兵站の実行責任者）の両将軍は、電話を広範囲に利用して要望事項を直接本国にぶつけ、本国の支援組織に対して「即実行せよ」としばしば気合を入れた。彼らは陸軍参謀長／参謀次長を直接経由して参謀本部の全部署、陸軍資材コマンド（AMC）、国防兵站局などから支援が得られるようにした。

サウジアラビア以外の各戦域司令官は展開部隊に兵士と装備を提供した。特殊技能を保有する技術者／兵士の派遣要求に対して、合衆国内の主要部隊司令官と各学校長は、即座に、ベストの適格者を差し出してこれに応じた。

同様に、**アメリカの産業界と企業は、契約と支払いはしばらく脇に置いて、製品をかつてない規模で即座に提供した。**次のようなエピソードはその1例だ。

戦車の運搬に使用される重器材運搬車のタイヤが不足するという深刻な問題が見つかったとき、ヨソック第3軍司令官は、ペンタゴンの陸軍兵站部長ロス将軍に3000本のタイヤを見つけ次第戦域に送るよう要請した。

ロス兵站部長は、陸軍資材コマンド司令官トゥートル大将を経由して、ミシガン州ウォーレンの戦車開発コマンド司令官ピガティー少将にタイヤの件を具体的に処置するよう委ねた。戦車開発コマンドの契約担当将校は、世界中を探し回ってタイヤを800本だけ見つけた。

ピガティーは、ゼネラル・タイヤ・アンド・ラバー社が民間用のタイヤ（木材伐採搬出車両、建設車両、石油掘削車両）を製造していることを知り、同社のCEO（最高経営責任者）に個人的に電話すると、ＣＥＯは、国中の小売業者と運送業者に指示してストックされているタイヤを見つけ次第近くの空港から送り出すと、積極的に申し出て即実行した。

●予備軍と常備軍による「総合戦力構想」の成果

平時に有事を想定した全戦力を常備軍として維持することは、国家に莫大な負担を負わせることになる。所要の戦闘部隊を維持し、訓練を積み上げることは絶対に必要だが、**後方支援は基幹となる要員だけを維持し、その他を予備軍で対応する**という考え方もある。

１９７１年頃からエイブラムズ参謀長は、後に**総合戦力**（トータル・アーミー）**構想**として知られる計画の立案に着手した。戦闘部隊と歩兵部隊の大半を常備軍の現役兵で充足し、フォークリフト操作やトラック運転手など、非軍事技術を駆使して任務を遂行する多くの後方支援要員を予備役で充足する、という発想だ。

戦争には戦闘要員と支援要員の両者が不可欠だ。支援要員を予備役で充足するというやり方は、有事に際して、適時に予備役を動員出来るかが決め手となる。突発した湾岸戦争で総合戦力構想の当否が問われた。

パゴニス中将は、戦後に公刊した『Moving Mountains（邦訳：山動く）』で、「私の部隊が任務をうまく遂行できたのは、柔軟でよく訓練された予備役の人々に負うところが大きい。こうした有能な人材を陸軍に集められたのは、総合戦力構想の成果である。湾岸戦争の真っただ中、第22後方支援司令部は優に70パーセントを超す人員を予備役から集めていた」と総合戦力構想を高く評価している。

湾岸戦争終結までに、戦域戦闘サービス支援部隊の70パーセント以上が陸軍州兵と陸軍予備から派遣された。戦闘部隊として参加した予備部隊はごく少数で、その１つがアラスカ州兵第１４２野戦砲兵旅団だった。同旅団はダンマーム港のドックから直接戦闘に参加し、地上戦開始３日後の２月27日、英第１機械化旅団の火力支援任務を果たした。

一方、近代戦に必要なレベルに達していなく、戦闘任務に参加できなかった予備部隊もある。３個ラウンド・アウト旅団（ジョージア州兵第48機械化歩兵旅団、ミシシッピー州兵第１５５機甲旅団、ルイジアナ州兵第２５６機械化歩兵旅団）は１８０日間動員されたが、砂漠戦に適応できなかった。

州兵は年間39日の訓練に参加する。戦闘部隊の彼らは近接戦闘の火力と機動を学ぶ必要があり、民間にはこれに匹敵するスキルがない。実戦に参加する兵士と部隊が即応態勢に求められる戦闘スキル（戦車の長射程射撃、対戦車ロケット砲ＴＯｗの射撃、機敏な機動、近代的電子装備の取り扱い方など）は、はるかに複雑で、取得には10年以上の歳月が必要だ。

戦闘即応態勢にとって克服すべき最大の課題は、平時における予備戦闘部隊の兵種将校と下士官の準備不足だ。地上戦闘は限りなく複雑で知的な能力が必要だ。各部隊は友軍への危害を回避しながら、従来とは比較にならない高速度で移動し、遠距離で交戦するために、各級指揮官・リーダーは多くの異なる事象に対して同時に対応できなければならない。

指揮官・リーダーは、器用さと技術的な適性だけではなく、部下が彼に生命を預けても大丈夫だという信頼感を醸成する必要がある。さらに、不眠不休で、極端な悪条件下で、そして自らを危険にさらして、完璧に行動することを求められる。

州兵を構成する市民兵の優れた能力と強い愛国心にもかかわらず、これら近代戦に必要とされるスキルは多年にわたる基本教育、日々の練成訓練、実戦的訓練の場での応用によってのみ最高レベルに達することができ、年間39日の州兵の招集訓練では到達不可能だ。

陸軍トップのヴオーノ参謀長は、州兵と彼らの指揮官・リーダーが、訓練で常備軍と同等の戦争ストレスに慣れるまで、州兵の若者の生命を危険に晒してはいけない、と主張した。大隊レベルの部隊とさらに上級の予備戦闘機動部隊は、戦闘参加前に、ナショナル・トレーニング・センターやその他の訓練センターでの訓練の機会を与える必要がある。

●有事における民間産業の迅速な対応

アメリカの産業基盤のほとんどの部門は、「砂漠の盾作戦」開始時、緊急時に必要とされる多くの軍需物資の生産を拡大する準備が整っていなかった。作戦開始時における米陸軍最大の関心事は、空中発射式対戦車ミサイル「ヘルファイアー」や地対空ミサイル「パトリオット」のような戦況を左右する「**ウォー・ストッパー」を展開部隊へ配備すること**だった。

1983年にコンテナ・システムとして最初に配備されたパトリオット・ミサイルは、兵器の飛躍的進歩の象徴だ。コンピューター・ソフトウエアの心臓と頭脳を持ち、プログラムを修正すれば他の役割や用途への転用も可能だ。

米国の技術者は、イラク軍が改修したソ連製「スカッド」のように、戦術弾道ミサイルの用途を拡大して、「パトリオット」をミサイル防衛システムへと改修した。彼らはコンピューターのプログラムを、飛来するミサイルを航空機よりさらに上空の地平線上で探知してミサイルの高飛翔速度を計算できるようにしたのだ。

米陸軍は1988年にレーダーとソフトウエアを変更した改修PAC－1を、1990年には弾頭と信管を変更したPAC－2を実戦配備した。だが、「砂漠の盾作戦」開始時、PAC－2ミサイルは試作段階で、使用可能なミサイルはわずか3発だった。

1990年のパトリオット・ミサイルの生産数は、PAC－1モデルが月産約80発に達していた。しかしながら、PAC－2型の生産はスタートしたばかりだった。合衆国陸軍パトリオット・プロジェクト・マネージャーは、8月の早い時期に、PAC－2プログラムの推進を加速するための具体策に自主積極的に取り組んだ。

生産工程がスピードアップしても、合衆国内の弾頭組み立てラインは、12月末まではフル操業できないことがわかった。しかしながら、ミサイル・メーカーのレイセオン社はドイツの巨大軍需産業MBB社（※航空機メーカー）航空宇宙部との契約により、幸いにも、ドイツ国内で新弾頭の生産をすでに開始していた。

プロジェクト・マネージャーは、ミサイル生産上の最も重要かつ時間を要する部分が弾頭であることを理解していたが、ドイツで生産した弾頭をドイツからフロリダ州オーランドの組み立てラインに持ちこむのは容易ではなかった。

軍用機の大半は「砂漠の盾作戦」に使用されており、米国への弾頭の輸送には使えなかった。レイセオン社はこれらの弾頭をヨーロッパからドーバー、デラウェア、次いでアラスカ州カムデンまで空輸するための航空機をリースし、カムデンで最終的な爆発物質を弾頭に注入してX線検査を行なった。

オーランドでの最終組み立てのための弾頭の空輸にも同様の問題があったが、レイセオン社は危険物空輸の資格がある航空機と契約してこれを解決した。オーランドでは航空機メーカーのマーティ・マリエット社が組み立てを完成して、フロリダ州のパトリック空軍基地からミサイルの出荷を開始した。

その後MBB社はドイツの工場で完成品ミサイルを生産するようになるが、この迂回プロセスにより新ミサイルの生産率は8月9発、9月86発、10月95発、11月・12月146発へと飛躍的に向上した。

レイセオン社は1991年1月までに月産146発のピークに達し、「砂漠の嵐」開始以前に陸軍が要望した600発のミサイルに100パーセント応えた。契約業者は、24時間、1日3交代、1週間7日のスケジュールという過酷なフル稼働で絶大な貢献をなした。

またこれらの陰には、関連する無数の供給メーカー、輸送産業、プロジェクト・マネージャーのスタッフたちの献身があった。あらゆる兵器製造業者は「砂漠の嵐作戦」の危機に、誰もが同様の十分ではない資源を克服して軍の要望に応えた。

重要度は若干落ちるが、**砂漠戦用戦闘服**の調達にも民間産業の対応の例が見られる。陸軍は、平時から、戦時に備えて完全1個軍団に砂漠戦用戦闘服を兵士1人に2着支給できる予備ストックを保有していた。9月、ヨソック中将は全兵士に4個セットの砂漠戦用戦闘服を支給せよと指示した。それは予備ストックの10倍の補給量だった。さらに11月に第7軍団の展開リストに兵士14万5000人が追加されたが、予備ストックにはこれらに完全に対応できるだけの砂漠戦用迷彩服の生地はなかった。新しい生地を製造している間に、国防人事支援センターは、フィラデルフィア需品補給所で予備ストックを使用して縫製を開始した。こうしている間に、国防兵站機関は米国アパレルのラングラー・ジーンズ社、合衆国内の13社と契約を結び、1991年2月までに、ラングラー・ジーンズ社などは月産30万着の砂漠戦用戦闘服を製造するようになっていた。

このような驚異的な努力にもかかわらず、生産は需要に追いつけず、第7軍団の兵士の大半はダーク・グリーンの戦闘服との重ね着で戦闘に参加した。

【補足】

本章で述べた要因は、予想されるわが国の「初戦」に適用できるか？
（正直に言えば）軍隊として認知されていない自衛隊と米軍の立場は根本的にことなり、これらを自衛隊にストレートに適用することは困難だ。ただし、これらを〝教訓〟および〝他山の石〟として学べることは色々とあるはずだ。

米軍は「初戦に勝利する陸軍の再建」を掲げて、ドクトリンを定め、人材を育成し、実戦的訓練を積み重ね、文字通りに初戦で勝利する陸軍を再建した。その成果が１００時間地上戦の圧倒的勝利だった。

主要参考文献＊米陸軍公刊戦史『CERTAIN VICTORY THE U.S.ARMY IN THE GULF WAR』（POTOMAC BOOKS 1997）＊米陸軍野外教令FM3-0『OPERATIOS 2017』＊米陸軍野外教令FM3-90『TACTICS 2001』＊米陸軍ドクトリン参考資料ADRP3-0『OPERATIOS 2017』＊米陸軍ドクトリン参考資料ADRP1-02『TERMS AND MILITARY SYMBOLS 2016』＊現代戦研究所編『Americans First Battle（UNIVERSITY PRESS OF KANSAS 1986）＊ボブ・ウッドワード著、石山鈴子・染田屋茂訳『司令官たち　湾岸戦争突入にいたる〝決断〟のプロセス』（文藝春秋、１９９１年）＊H・シュワーツコフ著、沼澤洽治訳、『シュワーツコフ回想録』（新潮社、１９９４年）＊w・G・パゴニス著、佐々淳行監修『山動く　湾岸戦争に学ぶ経営戦略』（同文書院、１９９２年）＊コリン・パウエル著、鈴木主税訳『マイ・アメリカン・ジャーニー【統合参謀本部議長篇】』（角川書店、１９９５年）＊喬良・王湘穂著、坂井臣之助監修、劉琦訳『超限戦』（角川新書、２０２０年）＊龐宏亮著、安田淳監訳、上野正弥・金牧功大・御器谷裕樹訳『知能化戦争』（五月書房新社、２０２０年）＊菅野隆著『アメリカ合衆国陸軍の基本的運用の変遷と背景』（著者発行、２０２２年）＊武田龍夫著『新版　嵐の中の北欧』（中公文庫、２０２２年）＊篠田英朗著『戦争の地政学』（講談社現代新書、２０２３年）＊高橋彬雄著『日本人が知っておくべき自衛隊と国防のこと』（辰巳出版、２０２３年）＊松原美穂子著『ウクライナのサイバー戦争』（新潮新書、２０２３年）＊木元寛明著『戦術の本質【完全版】』（SBクリエイティブ株式会社、２０２２年）
＊その他各機関ウェブサイトなどの公開資料

ＮＦ文庫書き下ろし作品

NF文庫

初戦圧倒

二〇二四年二月二十日　第一刷発行

著　者　木元寛明

発行者　赤堀正卓

発行所　株式会社　潮書房光人新社

〒100-8077　東京都千代田区大手町一-七-二

電話／〇三-六二八一-九八九一㈹

印刷・製本　中央精版印刷株式会社

定価はカバーに表示してあります

乱丁・落丁のものはお取りかえ致します。本文は中性紙を使用

ISBN978-4-7698-3346-8　C0195

http://www.kojinsha.co.jp

NF文庫

刊行のことば

第二次世界大戦の戦火が熄《や》んで五〇年——その間、小社は夥しい数の戦争の記録を渉猟し、発掘し、常に公正なる立場を貫いて書誌とし、大方の絶讃を博して今日に及ぶが、その源は、散華された世代への熱き思い入れであり、同時に、その記録を誌して平和の礎とし、後世に伝えんとするにある。

小社の出版物は、戦記、伝記、文学、エッセイ、写真集、その他、すでに一、〇〇〇点を越え、加えて戦後五〇年になんなんとするを契機として、「光人社NF（ノンフィクション）文庫」を創刊して、読者諸賢の熱烈要望におこたえする次第である。人生のバイブルとして、心弱きときの活性の糧《かて》として、散華の世代からの感動の肉声に、あなたもぜひ、耳を傾けて下さい。

＊潮書房光人新社が贈る勇気と感動を伝える人生のバイブル＊

ＮＦ文庫

陸軍〝離脱部隊〟の死闘
船坂　弘

汚名軍人たちの隠匿された真実　名誉の戦死をとげ、賜わったはずの二階級特進の栄誉が実際には与えられなかった。パラオの戦場をめぐる高垣少尉の死の真相。

新装解説版　先任将校
松永市郎

軍艦名取短艇隊帰投せり　不可能を可能にする戦場でのリーダーのあるべき姿とは。海自幹部候補生学校の指定図書にもなった感動作！　解説／時武里帆。

新装版　有坂銃
兵頭二十八

日露戦争の勝因は〝アリサカ・ライフル〟にあった。最新式の歩兵銃と野戦砲の開発にかけた明治テクノクラートの足跡を描く。

要塞史
佐山二郎

日本軍が築いた国土防衛の砦　築城、兵器、練達の兵員によって成り立つ要塞。幕末から大東亜戦争終戦まで、改廃、兵器弾薬の発達、教育など、実態を綴る。

遺書１４３通
今井健嗣

「元気で命中に参ります」と記した若者たち　数時間、数日後の死に直面した特攻隊員たちの一途な心の叫びと親しい人々への愛情あふれる言葉を綴り、その心情を読み解く。

新装解説版　迎撃戦闘機「雷電」
碇　義朗

Ｂ29搭乗員を震撼させた海軍局地戦闘機始末　〝大型爆撃機に対し、すべての日本軍戦闘機のなかで最強〟と公式評価を米軍が与えた『雷電』の誕生から終焉まで。解説／野原茂。

＊潮書房光人新社が贈る勇気と感動を伝える人生のバイブル＊

ＮＦ文庫

新装解説版 空母艦爆隊　真珠湾からの死闘の記録
山川新作
真珠湾、アリューシャン、ソロモンの非情の空に戦った不屈の艦爆パイロット——日米空母激突の最前線を描く。解説／野原茂。

フランス戦艦入門　先進設計と異色の戦歴のすべて
宮永忠将
各国の戦艦建造史において非常に重要なポジションをしめたフランス海軍の戦艦の歴史を再評価。開発から戦闘記録までを綴る。

海の武士道　敵兵を救った駆逐艦「雷」艦長
惠隆之介
漂流する英軍将兵四二二名を助けた戦場の奇蹟。工藤艦長陣頭指揮のもと海の武士道を発揮して敵兵救助を行なった感動の物語。

新装解説版 幻の新鋭機　震電、富嶽、紫雲……
小川利彦
戦争の終結によって陽の目をみることなく潰えた日本陸海軍試作機五十機をメカニカルな視点でとらえた話題作。解説／野原茂。

新装版 水雷兵器入門　機雷・魚雷・爆雷の発達史
大内建二
水雷兵器とは火薬の水中爆発で艦船攻撃を行なう兵器——水面下に潜む恐るべき威力を秘めた装備の誕生から発達の歴史を描く。

日本陸軍の基礎知識　昭和の戦場編
藤田昌雄
戦場での兵士たちの真実の姿。将兵たちは戦場で何を食べ、給水し、どこで寝て、排泄し、どのような兵器を装備していたのか。

＊潮書房光人新社が贈る勇気と感動を伝える人生のバイブル＊

ＮＦ文庫

読解・富国強兵 日清日露から終戦まで
兵頭二十八
軍事を知らずして国を語るなかれ――ドイツから学んだ児玉源太郎に始まる日本の戦争のやり方とは。Ｑ＆Ａで学ぶ戦争学入門。

新装解説版 **名将宮崎繁三郎** ビルマ戦線 伝説の不敗指揮官
豊田 穣
名指揮官の士気と統率――玉砕作戦はとらず、最後の勝利を目算して戦場を見極めた、百戦不敗の将軍の戦い。解説／宮永忠将。

改訂版 **陸自教範『野外令』が教える戦場の方程式**
木元寛明
陸上自衛隊部隊運用マニュアル。日本の戦国時代からフォークランド紛争まで、勝利を導きだす英知を、陸自教範が解き明かす。

都道府県別 陸軍軍人列伝
藤井非三四
気候、風土、習慣によって土地柄が違うように、軍人気質も千差万別――地縁によって軍人たちの本質をさぐる異色の人間物語。

満鉄と満洲事変
岡田和裕
部隊・兵器・弾薬の輸送、情報収集、通信・連絡、医療、食糧などの輸送から、内外の宣撫活動、慰問に至るまで、満鉄の真実。

新装解説版 **決戦機 疾風 航空技術の戦い**
碇 義朗
日本陸軍の二千馬力戦闘機・疾風――その誕生までの設計陣の足跡、誉発動機の開発秘話、戦場での奮戦を描く。解説／野原茂。

＊潮書房光人新社が贈る勇気と感動を伝える人生のバイブル＊

ＮＦ文庫

新装版 憲兵 元・東部憲兵隊司令官の自伝的回想
大谷敬二郎
権力悪の象徴として定着した憲兵の、本来の軍事警察の任務の在り方を、著者みずからの実体験にもとづいて描いた陸軍昭和史。

戦術における成功作戦の研究
三野正洋
潜水艦の群狼戦術、ベトナム戦争の地下トンネル、ステルス戦闘機の登場……さまざまな戦場で味方を勝利に導いた戦術・兵器。

太平洋戦争捕虜第一号 海軍少尉酒巻和男 真珠湾からの帰還
菅原 完
「軍神」になれなかった男。真珠湾攻撃で未帰還となった五隻の特殊潜航艇のうちただ一人生き残り捕虜となった士官の四年間。

新装解説版 秘めたる空戦 三式戦「飛燕」の死闘
松本良男
幾瀬勝彬
陸軍の名戦闘機「飛燕」を駆って南方の日米航空消耗戦を生き抜いたパイロットの奮戦。苛烈な空中戦をつづる。解説／野原茂。

新装版 海軍良識派の研究
工藤美知尋
日本海軍のリーダーたち。海軍良識派とは⁉「良識派」軍人の系譜をたどり、日本海軍の歴史と誤謬をあきらかにする人物伝。

第二次大戦 偵察機と哨戒機
大内建二
百式司令部偵察機、彩雲、モスキート、カタリナ……第二次世界大戦に登場した各国の偵察機・哨戒機を図面写真とともに紹介。